化 言 石 语

古生物化石观察与实习

刘建妮　李永项　编著

科 学 出 版 社

北 京

内 容 简 介

为适应我国高等院校本科教学及大众科普科教的需求，编者在杨家骠和李志明主编的《古生物学实习指导书》（1993 年第一版）的基础上，吸收了近年来国内外古生物学领域研究的新成果和新方法，结合自身多年的教学经验与实践积累，编写了本书。全书共分 10 个章节，每个章节均对相应古生物类群的基本构造、分类体系和化石代表进行了准确细致的文字描述，展示了精美清晰的图片并附上琅琅上口的化石诗歌便于记忆。本书的特色是一目了然，对于有学习古生物学化石结构需求的学生和化石爱好者来说，是一本易于理解、便于掌握的书籍。

本书系统性强，图文并茂，通俗易懂。不仅适用于高等院校地质学专业古生物学课程的实习教学，而且也适合地质学等相关领域教学及科研人员参考阅读，亦可作为对古生物学感兴趣的普通大众的基础学习资料。

图书在版编目（CIP）数据

化言石语：古生物化石观察与实习 / 刘建妮,李永项编著. -- 北京：科学出版社，2024.11. -- ISBN 978-7-03-080241-5

Ⅰ. Q911.2

中国国家版本馆 CIP 数据核字第 2024K76M94 号

责任编辑：孟美岑 / 责任校对：何艳萍
责任印制：赵 博 / 封面设计：无极书装

科 学 出 版 社 出版
北京东黄城根北街 16 号
邮政编码：100717
http://www.sciencep.com
北京建宏印刷有限公司印刷
科学出版社发行 各地新华书店经销

*

2024 年 11 月第 一 版 开本：720×1000 1/16
2025 年 3 月第二次印刷 印张：9 1/2
字数：221 000
定价：128.00 元
（如有印装质量问题，我社负责调换）

序

　　地球生命有近 40 亿年的演变历史,其中 99% 以上的曾经生活在地球上的生物都已经被替代,留下了无数的化石记录。生命演化的真谛保存在各种地层记录之中,化石是唯一开启地球生命历史进程的窗口,如何利用这些化石恢复地球生命历史是一个世界难题。如果我们把地球表面层层叠叠的岩石比喻成一本书,那么沉积岩中保存的化石就像是书中的文字,地层古生物学家们就是依靠采集的点点滴滴化石记录来破解地球生命起源与演化之谜的。在地质学家眼里,广大民众认为的普通石头也含有极其丰富的信息,而其中是否含有化石需要具备专业知识才能判断。化石是远古生命死亡以后留下的遗体或遗迹,它们代表了曾经生活在地球上的生物。地球生命经历了从简单到复杂、从低等到高等、从单细胞到多细胞的演化过程。因此,地层古生物学家们根据化石的特征和相互之间的演化关系就可以推断它们生活的时代,也就是说,化石可以用来确定产出它们的地层时代。目前,国际上通用的《年代地层表》中显生宙部分 101 颗"金钉子"绝大部分是根据标志化石的首次出现时间划分的,这些信息对于重建地球生命演化历史、圈定沉积矿产的时空分布等都具有极其重要的作用。其次,根据化石的形态和结构等可以恢复当时生物的生态习性,从而判断地球表面当时的生存环境,包括区分海洋与陆地、水生与陆生、海水温度、盐度、酸碱度、氧气的含量等。第三,根据化石在不同地区的分布还可以确定它们当时大致的生活空间范围,进而推断当时地球表面的生物地理区系和生态系统的空间差异。此外,由于地球表面的板块是在不断移动的,化石的时空分布还在恢复大洋的闭合与分裂的时间、古板块的运动方向和位置等方面发挥重要的指示作用。

　　化石对很多人来说很神秘,其实化石无处不在。当你在大山里、公路边、河岸、沙漠等地旅行时,你就可能遇见各种不同的化石。化石在许多建筑材料中也很常见,宾馆的石地板、墙壁、梳妆台、石柱等都常含有化石,人民大会堂的石柱就含有十多亿年前的叠层石,首都大剧院的石板上也含有大量志留纪的腕足类化石。

　　化石虽然普遍存在,但并不是人人都认识,需要掌握一定的专业知识才能鉴别,根据地层中发现的化石确定其时代对专业水平的要求更高。近年来,随着地质学学科的教学趋于综合化,目前我国各大院校中已经很少有古生物学本科专业学生的培养计划,古生物学课程的教学实践被严重压缩,识别古生物化石的实习指导书更是匮乏。这种状况持续下去,不利于提升学生的实践能力。值得欣慰的是，刘建妮教授结合自身多年的教学经验与实践积累，使《化言石语——古生物化石观察与实习》及时面世。

　　《化言石语——古生物化石观察与实习》以 1993 年出版的杨家騄和李志明主编的《古生物学实习指导书》为基础，选取十大常见化石类群为实习与观察对象，对于化石的基本构造、分类体系和典型代表的文字描述准确、细致。同时，该书图文并茂，通俗易懂。为了提升读者的兴趣，书中选配了大量刘建妮教授在教学中拍摄并绘制的精美化石照片和插图。琅琅上口的化石诗歌更使该书独具特色，有助于增强读者对知识点的理解与记忆。因此，《化言石语—古生物化石观察与实习》是地质学学生入门和化石爱好者难得的教材，非常值得学习，书中重视实践的理念也特别值得赞赏。

中国科学院院士

2024 年 11 月 1 日

前　言

古生物学不仅是地质学重要的专业基础学科，也是生物进化学科的重要分支。更重要的是，古生物学的研究对象——化石及其代表的生物门类，深受大众（尤其是小朋友们）的关注及喜爱。近年来，科学技术的发展与进步，以及社会经济建设对人才和专业知识需求的变革，促使各类专业课程教学内容不断变化。在此背景下，古生物学教材内容的修订与编著工作受到高度重视并取得显著进展。然而，与古生物教学内容相配套的"古生物学实习指导书"的修订及编著因缺乏足够关注而相对迟滞。因此，为适应我国当前高等院校本科教学创新与改革的新形势以及大众科普的需求，编者在杨家騄和李志明主编的《古生物学实习指导书》（地质出版社，1993 年第一版）的基础上，吸收了近年来国内外古生物学领域研究的新成果和新方法，结合自身多年的教学经验与实践积累，编写了本书。

本书旨在能够让学生在较短时间内掌握主要古生物类别的基本构造、分类体系和化石代表。因此，书中配置了大量的精美彩图及通俗易懂的文字，利于引起学生兴趣，提高其学习的主动性；琅琅上口的化石诗歌可辅助读者增强对知识点的记忆，且有助于增加阅读趣味性，适合大众科普。

本书的编写工作是在张云翔的指导下开展的。刘建妮负责文字及图版，李永顶负责为化石编撰诗歌。本书在内容编排上以独立的生物类别划分单元，共分 10 次实习。每次实习包含实习要求、基本构造、观察内容、实习内容、思考题、化石诗歌等方面的内容。书中选择的化石多为分类代表或标准化石，因篇幅所限未能涉及全部生物门类，敬请谅解。

本书使用国际地层委员会 2023 年的年代地层划分方案，同时为兼顾科普需求，亦标注了大致时间范围。书中部分图件、数据和表格等内容转引自其他相关教材，文中仅列述资料原出处，未列转引教材，特此说明并向被引教材编写专家表示感谢。

书稿的整理，图表的清绘、润色以及化石照片的拍摄等得到了燕莉女士的大量帮助。长安大学郭俊锋和渭南师范学院丁奕分别为第 9 章（牙形刺）和第 10 章（遗迹化石）提供了大量图版并给予文本校正。西北大学古生物学与地层学专业研究生骆生祥、陈宇、马英越参加了稿件及图片整理等工作，在此一并致谢。

目　　录

1 原生动物——以䗴类为例

原生动物门（Protozoa）是最低等的单细胞动物，与多细胞的后生动物相对应。无器官，仅有"类器官"。它们个体小、分布广，根据运动类器官的有无，分为鞭毛虫纲（Mastigophora）、纤毛虫纲（Ciliata）、孢子虫纲（Sporozoa）和肉足虫纲（Sarcodina）四个纲。其中肉足虫纲的有孔虫目具有钙质或几丁质的外壳，易保存下来而形成化石。䗴科（又称纺锤虫科），属于有孔虫目，是一类已经绝灭的原生动物，一般长约0.5cm，小者不及1mm，大者可达3～6cm（图1-1）。䗴类形状多样，有透镜形、球形、圆柱形、纺锤形等。最常见的形状是纺锤形，类似我国纺纱用的筳。因此，李四光先生创造了"䗴"（tíng）字，作为这类动物的名称，其俗名为纺锤虫。它们生活于热带或亚热带水深100m左右的平静正常浅海环境，最早出现于石炭纪密西西比亚纪（原早石炭世，距今大约3.6亿年），早—中二叠世（距今大约3.0亿～2.6亿年）达到极盛，至二叠纪末期（距今大约2.5亿年）全部绝灭。䗴类分布时代短，演化迅速，地理分布广泛，易于发现，是很好的标准化石[①]。同时，它也能够明确指示正常浅海环境，也常作为指相化石[②]。

图1-1　䗴的手标本（显示完整个体）

---

① 分布时代短，演化迅速，地理分布广泛，易于发现的化石。
② 能够明确指示某种沉积相的化石。

1.1 实 习 要 求

（1）熟悉生物显微镜的结构，并掌握其操作方法。

（2）重点观察䗴类外壳的基本构造。准确判断䗴的切面方向，并能在薄片中选择自己所需要的切面方向。

（3）掌握䗴科代表属的特征及地史分布。通过观察鉴定，对其演化趋势和分类依据有所了解。

1.2 显微镜的基本结构与使用方法

以图 1-2 所示显微镜为例，按照以下步骤进行观察：

（1）首先确保左侧分光旋钮处于观测模式（Bino），然后将化石薄片或化石实物放置于载物台上（如果放置化石实物，建议以厚纸板托底，避免划伤底光源的玻璃盖板）。

（2）打开光源，如果是薄片，需要用底光源；如果是实物，需要用顶光源。可以根据需求调节光源亮度。

（3）光源调节好之后，开始调焦。先使用粗准焦螺旋将镜筒自上而下地调节，眼睛在侧面观察，避免物镜镜头接触到薄片而损坏镜头和压破薄片。调焦时先依据个人眼距调整两个目镜之间的距离，目的是确保两眼聚焦于一点（在镜下表现

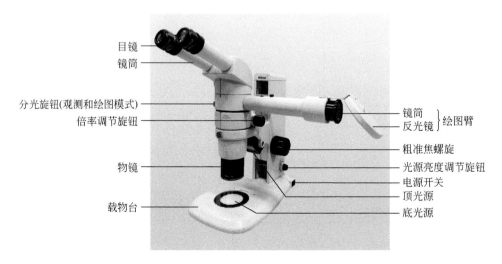

图 1-2 Nikon SMZ800 显微镜

为左右眼通过两个目镜形成的光圈合二为一），双目观察，避免疲劳。粗调以看清化石轮廓和基本结构为准，如果需要观察细微结构，可以用细准焦螺旋进一步调节。

（4）利用显微镜的绘图臂绘制所观察的标本的解译图。以图示显微镜绘图臂为例，首先将绘图本置于绘图臂下方桌面上；然后打开光源，调整到合适的亮度；将左侧分光旋钮调至绘图模式（Draw），以确保目镜右侧视野通过反光镜投射到绘图本上，并根据需求调节反光镜的位置。最后在绘图本上绘制解译图。

1.3　基本构造

䗴类多具多房室壳，而且后生长的壳圈（旋壁绕旋轴一圈构成一个壳圈）全部包围前生长的壳圈，形成包旋壳。因而，要观察䗴类的基本结构，需要从不同的切面方向观察其内部结构，常见切面方向如图 1-3 所示。

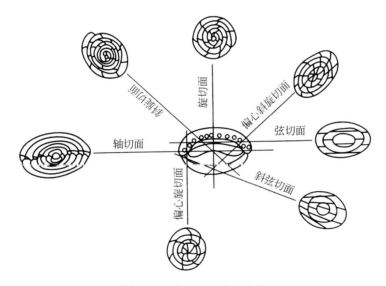

图 1-3　䗴壳切面方向（引自童金南等，2007）

轴切面：又称纵切面，平行于假想的中轴，通过初房（最早形成的最小的房室），此切面是鉴定中最主要的切面。

旋切面或横切面：垂直于中轴，通过初房的切面。

弦切面：平行于中轴，但不通过初房，只切及外表的壳圈。

斜切面：与中轴斜交，切及初房（斜旋切面）或未切及初房（斜弦切面或偏心斜旋切面），轴向上不对称，一般鉴定都不选此切面。

蜒类的基本结构包括以下四类。

1. 旋壁

旋壁是细胞质不断增长并阶段性地分泌壳质所形成的壳壁，包括致密层、透明层、疏松层和蜂巢层（图1-4，图1-5）。

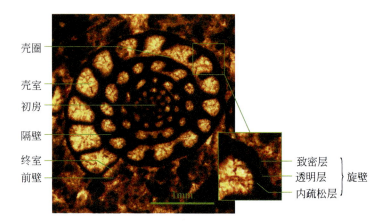

图1-4 小纺锤蜒（*Fusulinella*）旋切面

图1-5 小纺锤蜒（*Fusulinella*）轴切面

致密层：所有蜒类都有，在薄片中呈一细而薄的黑线，在显微镜下不透光。

透明层：在致密层之内，为一浅色透明状薄层，为较低级的蜒类所具有。

疏松层：为不均一的半透明状，位于致密层之外的为外疏松层，位于壳壁内表面的为内疏松层。终壳圈（最后一个壳圈）外表面无外疏松层。

蜂巢层：位于致密层内，形态为蜂窝状，具有许多垂直于壳面的孔洞。在薄片中观察其纵断面一般为垂直于壳的梳状短线，石炭纪宾夕法尼亚亚纪（原晚石炭世）（C_2，距今大约3.2亿年）出现。

旋壁可分为单层式、双层式、三层式、四层式。

单层式旋壁仅由一致密层组成。

双层式旋壁可分为两种类型：一种由致密层及透明层组成，称为古纺锤蜓型（palaeofusulinid）旋壁；另一种由致密层及蜂巢层组成，称麦蜓型（triticitid）旋壁。

三层式旋壁也可分两种类型：旋壁由致密层和内、外疏松层组成的称原小纺锤蜓型（profusulinellid）旋壁；在一些高级蜓类中，旋壁由致密层、蜂巢层及内疏松层组成，称费伯克蜓型（verbeekinid）旋壁。

四层式旋壁由致密层、透明层，以及内、外疏松层组成，称小纺锤蜓型（fusulinellid）。

2. 隔壁

隔壁是旋壁向中心弯曲的部分，与中轴平行，它将蜓分隔成许多小壳室。蜓生长过程中，最初形成的壳室称为初房，其后陆续分泌其他房室，最后的一个房室叫终室。在壳内隔开相邻两个房室的壳壁叫隔壁，隔壁有平直、轻微褶皱、强烈褶皱之分。一般而言，低级蜓类隔壁较直，高级蜓类隔壁通常具褶皱。

平直型：在切片中呈直线状，仅出现于两极（图1-6）。

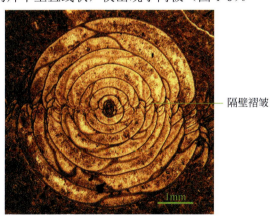

图1-6　假希瓦格蜓（*Pseudoschwagerina*）（平直型隔壁，仅在轴部有褶皱）

轻微褶皱：泡沫状，限于两极和轴部。

强烈褶皱：隔壁全面褶皱，在轴切面上遍布整个壳圈（图1-7）。

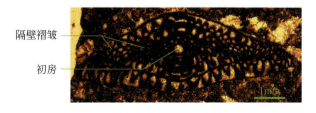

图1-7　纺锤蜓（*Fusulina*）（强烈褶皱）

3. 副隔壁

副隔壁由蜂巢层聚集下延而成，位于隔壁之间，一般长于蜂巢层而短于隔壁。

4. 旋脊和拟旋脊

旋脊：通道（细胞原生质流动的道路，隔壁的开口彼此贯通而成）两侧的脊状堆积物，多呈三角状，在低等纺锤虫中发育，不连续（图1-5）。

拟旋脊：列孔（位于隔壁基部的一排小孔）两侧的多个堆积物。

1.4 观察内容

（1）外壳。
（2）初房。
（3）隔壁。
（4）旋壁。
（5）旋脊及拟旋脊。
（6）副隔壁。

1.5 实习内容

1.5.1 小纺锤䗴（*Fusulinella*）

壳小，纺锤状，旋壁四层，隔壁两端褶皱，旋脊发育（图1-4，图1-5，图1-8，图1-9）。时代分布：石炭纪宾夕法尼亚亚纪（原晚石炭世）（C₂），距今大约3.2亿年。

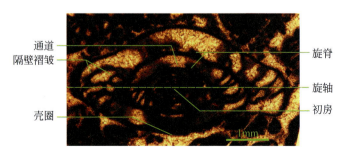

图1-8 小纺锤䗴轴切面

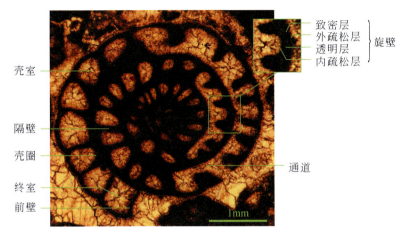

致密层
外疏松层
透明层
内疏松层
旋壁

壳室

隔壁

壳圈

终室
前壁

通道

1mm

图 1-9 小纺锤蜓旋切面

1.5.2 希瓦格蜓（*Schwagerina*）

壳体粗纺锤形至长纺锤形，少数亚圆柱形。旋壁由致密层和蜂巢层组成，蜂巢层粗，隔壁全面褶皱，强烈且不规则。旋脊无，或者很小，仅见于内圈（图 1-10，图 1-11）。时代分布：石炭纪宾夕法尼亚亚纪（原晚石炭世）至中二叠世（C_2-P_2），距今大约 3.2 亿～2.7 亿年。

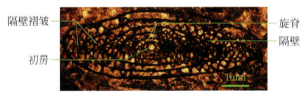

隔壁褶皱

初房

旋脊
隔壁

1mm

图 1-10 希瓦格蜓轴切面

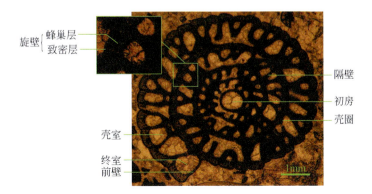

旋壁
蜂巢层
致密层

壳室

终室
前壁

隔壁

初房
壳圈

1mm

图 1-11 希瓦格蜓旋切面

1.5.3 新希瓦格蟦（*Neoschwagerina*）

壳中等到大，纺锤状，旋壁由致密层和蜂巢层组成，副隔壁粗壮，拟旋脊低而宽，与副隔壁相连（图 1-12，图 1-13）。时代分布：中二叠世（P_2），距今大约 2.7 亿年。

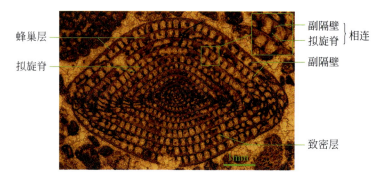

蜂巢层　　拟旋脊　　　　　　　　　　副隔壁 ⎫ 相连
　　　　　　　　　　　　　　　　　拟旋脊 ⎭
　　　　　　　　　　　　　　　　　副隔壁
　　　　　　　　　　　　　　　　　致密层

图 1-12　新希瓦格蟦轴切面

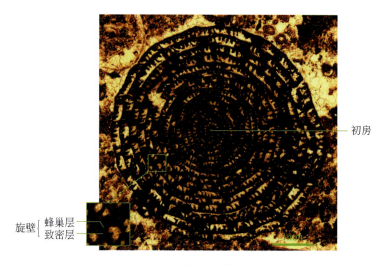

初房

旋壁 ⎧ 蜂巢层
　　 ⎩ 致密层

图 1-13　新希瓦格蟦旋切面

1.5.4 苏门答腊蟦（*Sumatrina*）

壳中等到大，长纺锤状到圆柱状，旋壁仅见致密层，副隔壁为上细下粗的钟摆状（图 1-14，图 1-15）。时代分布：中二叠世（P_2），距今大约 2.7 亿年。

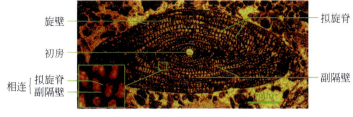

图 1-14 苏门答腊䗴轴切面

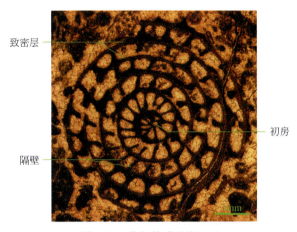

图 1-15 苏门答腊䗴旋切面

1.5.5 䗴类的演化趋势和分类依据

演化趋势：壳体由小到大；旋壁由单层式到四层式，其中蜂巢层的出现是䗴类演化中的一个重要转变；隔壁由平直到褶皱；旋脊由粗大到细小，甚至消失。

分类依据：主要靠旋壁的分层及结构来进行分类。䗴类旋壁大体上归入两大类型：原始者，属小纺锤䗴型（fusulinellid type），主要由致密层和透明层组成，有时在透明层之下还有内疏松层，致密层之外有外疏松层（最后壳圈没有外疏松层）；高级类型的壳壁，为希瓦格䗴型（schwagerinid type），即致密层下的透明层演进为蜂巢层，疏松层大多消失。

1.6 思 考 题

（1）䗴类的分类位置是什么？
（2）䗴类的基本构造有哪些？
（3）如何在显微镜下判断䗴类不同的切面方向并指出其结构？
（4）简述䗴类各主要属种的结构特征及时代分布。

纺　锤　虫

可是女娲娘娘纺线的遗物
散落于古生代的海中
不然，怎么会有这么多
纺锤状的精灵
这是一个神奇的微观世界①
没有显微镜
神仙也难
一睹芳容
几个毫米大的房子里
住着一个单细胞的生灵
房子虽小
却也设计独到，制作精工
这是标准的独立别墅
绝对不与别人纠缠不清
纺锤状的外形设计
使它美观大方，结实耐用
隔壁、褶皱
旋壁、四层
旋脊、拟旋脊
通道、列孔

这一系列构造术语啊
描绘出结构的专精
她小巧的蜗居啊
绝对赛过我家的两室一厅
不信
你瞧她那半明半暗的隔挡②
似有似无的屏风（副隔壁）
还有
还有那蜂巢状的吊顶
真个是难煞建筑师
气死装修工
你虽然仅在晚古生代出现③
可你的近亲④
却流传下来，繁衍无穷
放射虫，是你的胞弟
变形虫，是你的堂兄
他们在现代海洋里生活
把你这古老的宗族
千秋万代地传承

---

① 纺锤虫的个体很小，一般具钙质微粒状壳，小的不到1mm，大的3~6cm。

② 指纺锤虫的隔壁（旋壁），因为有致密层、透明层或蜂巢层以及内、外疏松层等变化，呈现出半明半暗的状态。

③ 纺锤虫仅出现在石炭纪（距今大约3.6亿~3.0亿年）、二叠纪（距今大约3.0亿~2.5亿年），属于晚古生代。

④ 早已灭绝的纺锤虫属于肉足虫纲有孔虫目，该纲的现生代表还有放射虫目（Radiolaria）、变形虫目（Amoebina）等。放射虫喜好大洋环境，营漂浮生活，大多数放射虫分布在温暖海域。变形虫多数种类淡水生活，少数海洋生活。

2 腔肠动物——以珊瑚类为例

腔肠动物门（Coelenterata）是一类低等后生动物，辐射对称，具双胚层，组织分化，有原始的消化腔及神经系统。分布广，绝大多数生存在海洋里，少数生活在淡水中，漂浮或固着生活。依据软体构造特征、刺细胞的有无、骨骼的有无及其特征，以及个体发育史等，分为三个纲：水螅纲（Hydrozoa）、钵水母纲（Scyphozoa）、珊瑚纲（Anthozoa）。其中珊瑚纲包括现代的海葵、石珊瑚、红珊瑚和已绝灭的四射珊瑚、横板珊瑚等，全部海生，单体或群体。珊瑚纲个体发育史与另外两个纲不同，只有水螅型，没有水母型。珊瑚纲绝大多数具外骨骼，以钙质为主，少数为角质（外胚层分泌），珊瑚的骨骼易保存下来并形成化石。因此，本章重点介绍珊瑚类。珊瑚类分布时间较长，最早出现于寒武纪芙蓉世（原晚寒武世）（距今大约 5.0 亿年）并一直延续到现代。珊瑚是地球上最古老的海洋动物和著名的造礁生物之一。由于造礁珊瑚具有严格的生态环境要求及一定的分布规律，可以用于推断各地史时期的赤道位置、古纬度、古气候的变迁，并为大陆漂移、板块构造学说提供重要的古生物证据。

2.1 实 习 要 求

（1）以珊瑚纲为主要实习对象，熟练区分珊瑚单体及复体的各种形态。

（2）能够判别切面方向，并能从不同方向的切面上观察珊瑚内部构造以及构造形态。

（3）通过对构造的观察，准确地指出标本的构造组合类型。掌握珊瑚纲代表属的特征和时代。

2.2 基 本 构 造

珊瑚骨骼构造主要由外壁、隔壁及横板组成。珊瑚体壁基部（基盘）最早分泌一个钙质底盘，其边缘向上生长即分泌外壁。随着虫体的生长，软体随之上移，骨骼逐渐增加（图 2-1）。有性生殖产生单体珊瑚或群体珊瑚中的原生个体（第一个个体），而群体珊瑚则是由无性生殖通过体壁外侧出芽或萼部分裂方式产生。

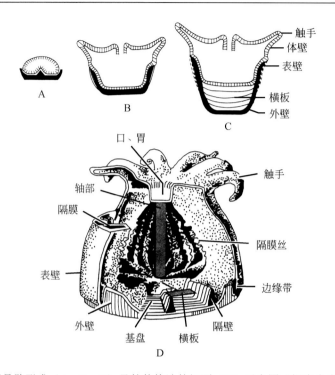

图 2-1　珊瑚骨骼形成（A，B，C）及软体构造的切面（D）示意图（据童金南等，2021）

A. 固着不久的幼虫，基部分泌钙质底盘；B. 底盘边缘向上生长形成外壁；C. 随着珊瑚虫上移，底部分泌横板支持软体；D. 珊瑚软体构造及其与骨骼的关系

　　在外壁外面，珊瑚虫体的下垂部分在生长的过程中会分泌一层表壁（epitheca）。珊瑚体中央是一个被一系列长短不一的纵向隔膜分隔的消化循环腔，即腔肠。这些隔膜由体壁内胚层细胞向内突起增生形成，其内部由外胚层分泌的钙质骨板支撑，这些纵向生长的骨板称为隔壁（septum，复数 septa）。随着珊瑚体的向上生长，珊瑚虫底部会阶段性地分泌出一个横贯腔肠的横板（tabula，复数 tabulae），以托起珊瑚虫软体。与此同时，为辅助托起珊瑚虫软体，有些类别还会在珊瑚体的边缘部分生成一系列向上凸起、向内倾斜、叠瓦状排列的钙质小板。其中，先于隔壁形成，即切断隔壁的小板，称为泡沫板（cystose）；晚于隔壁形成，即限于隔壁之间的小板，称为鳞板（dissepiment）。总之，随着珊瑚虫的生长和软体的褶皱上移，各种骨骼构造相继形成，但骨骼构造在各类珊瑚中的复杂程度有所不同。

　　根据珊瑚软体的特点，如触手、隔膜数目与排列，以及硬体骨骼特征，一般将珊瑚纲分为如下四个亚纲，其中化石较多的是四射珊瑚亚纲和横板珊瑚亚纲。

　　（1）四射珊瑚亚纲（Tetracoralla）。四射珊瑚亚纲又称皱纹珊瑚亚纲（Rugosa），其外壁上常发育横的皱纹。它们为单体或复体，钙质骨骼。一级隔壁仅在四个部位生长，故隔壁数目一般为四的倍数。见于中奥陶世—二叠纪（距今大约 4.7 亿～

2.5 亿年）。

（2）六射珊瑚亚纲（Hexacoralla）。六射珊瑚亚纲的隔膜成对或不成对。典型的六射珊瑚隔壁在个体的六个部位生长，且分若干级，数目一般为六的倍数。大多数具有钙质骨骼。见于三叠纪—现代（大约 2.5 亿年前至今）。

（3）八射珊瑚亚纲（Octocoralla）。八射珊瑚亚纲有八个隔膜，触手也为八个，具有羽状分支。具有钙质或角质骨轴。见于中泥盆世（存疑）、三叠纪—现代（大约 2.5 亿年前至今）。

（4）横板珊瑚亚纲（Tabulata）。横板珊瑚亚纲又称床板珊瑚亚纲，具有钙质骨骼，几乎全部为复体，以横板特别发育为特征，隔壁发育一般较微弱。该亚纲包括以下三类：横板珊瑚（tabulates）、日射珊瑚（heliolitids）和刺毛珊瑚（chaetetids）。主要见于寒武纪芙蓉世（原晚寒武世）—三叠纪（距今大约 5.0 亿～2.0 亿年），刺毛珊瑚可延存至古近纪（距今大约 0.66 亿年）。

四射珊瑚亚纲和横板珊瑚亚纲化石较多，本章重点介绍这两个亚纲的基本结构。四射珊瑚亚纲分别从纵列构造、横列构造和轴部结构等方面来观察。横板珊瑚主要观察横板之间的联结构造。

2.2.1　四射珊瑚内部构造

1. 纵列构造

隔壁：垂直于外壁向轴部生长的纵向板状构造，可分为最初产生的原生隔壁和其后产生的次（后）生隔壁。原生隔壁共有 6 个，包括：主隔壁（1 个）、对隔壁（1 个）、侧隔壁（2 个）和对侧隔壁（2 个）；主隔壁与侧隔壁之间的部分称主部，侧隔壁与对侧隔壁之间的部分称对部（图 2-2）。次生隔壁在主部和对部生长，

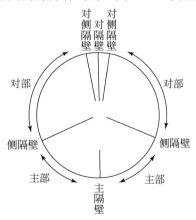

图 2-2　四射珊瑚原生隔壁示意图（据童金南等，2021）

数目不定，可分为一级、二级、三级等。

2. 横列构造

横列构造是随着珊瑚虫不断向上生长，其底部体壁分泌的各种横向的板状骨骼，分为横板、鳞板和泡沫板。

横板：底部体壁分泌的平直、上拱或下凹的板状骨骼。分为完整横板和不完整横板，完整横板由外壁一侧跨越到另一侧，彼此近于平行；不完整横板的上下几个横板有交错，没有直接横越中心到另一侧，或者分化为中央横板和边缘斜板（图 2-3）。

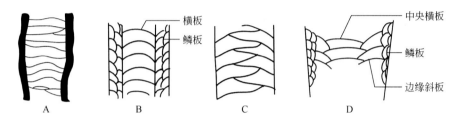

图 2-3　横板类型（据童金南等，2021）

A，B. 完整横板；C. 不完整横板；D. 横板分化为中央横板和边缘斜板

鳞板：底部边缘体壁分泌的小型穹隆状板片，位于隔壁之间，大小规则，上下叠覆，呈鱼鳞状上拱。鳞板分为规则鳞板和不规则鳞板，不规则鳞板依据形状又分为人字形鳞板、马蹄形鳞板和水平鳞板（图 2-3，图 2-4）。

泡沫板：泡沫状的不规则凸板，大小不一，排列不规则，在边缘切断隔壁或穿越隔壁（图 2-4）。

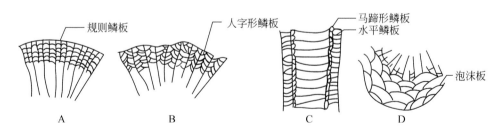

图 2-4　鳞板和泡沫板（据童金南等，2021）

A. 规则鳞板；B. 人字形鳞板；C. 马蹄形鳞板和水平鳞板；D. 泡沫板

3. 轴部构造

珊瑚体的中心常发育各种骨骼构造，统称为轴部构造。轴部构造多数由隔壁

末端或中央横板变化而成，常见的有中轴和中柱。

中轴：中轴是一种坚实致密的钙质柱状体，其形成方式有两种：一种由珊瑚虫基部中央直接分泌形成（原生），常呈圆柱形，自始端向上贯穿珊瑚体的始终；另一种由隔壁的末端加厚形成或相交形成（次生），一般无固定形态，不稳定，纵向变化较大。中轴在横、纵切面上均可看到（图 2-5）。

中柱：中柱是一种疏松复杂的网状结构，由中板（对隔壁形成）、辐板（长隔壁在内端分化出来）和内斜板（中央横板上拱部分）构成（图 2-5）。

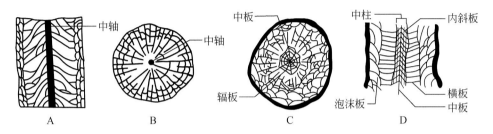

图 2-5　轴部构造（据童金南等，2021）

A，B. 中轴；C，D. 中柱

4. 四射珊瑚的构造类型

四射珊瑚的骨骼构造较为复杂，目前分为四种类型：单带型、双带型、三带型和泡沫型。

单带型：由横板和隔壁组成。

双带型：由横板、隔壁和鳞板组成。

三带型：由横板、隔壁、鳞板和轴部构造组成。

泡沫型：由泡沫板组成。

2.2.2　横板珊瑚联结构造

联结孔：外壁彼此接触的个体共用壁上的圆形或椭圆形小孔，分为壁孔（联结孔在体壁上）和角孔（联结孔在个体棱角上）（图 2-6）。

联结管：丛状复体中的联结构造，其切面呈管状（图 2-6）。

联结板：丛状复体中的联结构造，是联结管的横向扩大，其切面呈板状（图 2-6）。

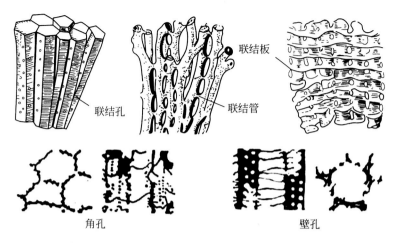

图 2-6　横板珊瑚联结构造（据张永辂等，1988；童金南等，2021）

2.3　观　察　内　容

（1）观察外形：区别单体和复体（包括丛状复体和块状复体）（图 2-7，图 2-8）。

（2）观察内部构造：区分隔壁的种类，观察隔壁的长短、薄厚、疏密；观察鳞板、横板和泡沫板的形态。

（3）观察轴部构造：区分中柱和中轴，观察其发育程度；观察中板、辐板、内斜板的形态。

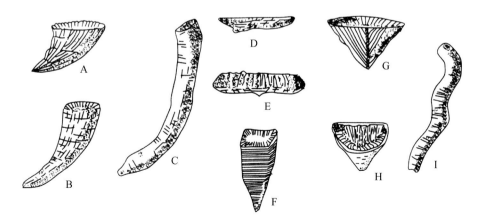

图 2-7　四射珊瑚单体外形（据童金南等，2021）

A. 阔锥状；B. 狭锥状；C. 圆柱状；D. 荷叶状；E. 盘状；F. 方锥状；G. 陀螺状；H. 拖鞋状；I. 曲柱状

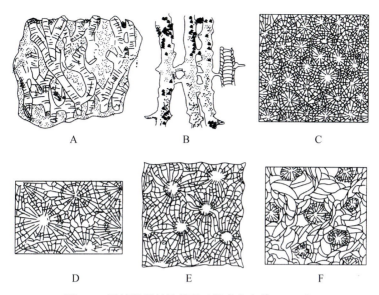

图 2-8　四射珊瑚复体外形（据童金南等，2021）

A. 枝状（丛状）；B. 笙状（丛状）；C. 多角状（块状）；D. 多角星射状（块状）；E. 互嵌状（块状）；F. 互通状（块状）

2.4　实　习　内　容

2.4.1　速壁珊瑚（*Tachylasma*）

　　单体珊瑚，小型锥状，隔壁四分羽状排列，对部发育较快，主隔壁萎缩，主内沟明显，两个侧隔壁和两个对侧隔壁内端加厚，呈棒状。横板上凸。单带型（图2-9）。时代分布：石炭纪—二叠纪（C–P），距今大约 3.6 亿～2.5 亿年。

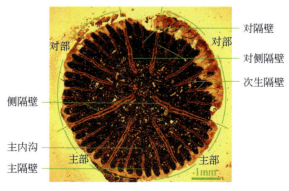

图 2-9　速壁珊瑚横切面

2.4.2 六方珊瑚（*Hexagonaria*）

多角状复体，隔壁数量多且薄，鳞板规则，呈人字形。横板常分化为中央横板和边缘斜板。双带型（图 2-10）。时代分布：中—晚泥盆世（D_{2-3}），距今大约3.9 亿~3.6 亿年。

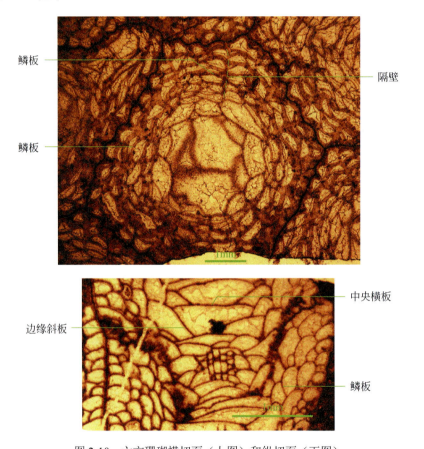

鳞板

鳞板

隔壁

中央横板

边缘斜板

鳞板

图 2-10 六方珊瑚横切面（上图）和纵切面（下图）

2.4.3 石柱珊瑚（*Lithostrotion*）

块状或丛状复体，隔壁长短两极。中轴发育（对隔壁中心加厚形成）。鳞板带较窄，呈小球状。横板向中轴方向上升，呈帐篷状（图 2-11）。时代分布：石炭纪密西西比亚纪（原早石炭世）（C_1），距今大约 3.6 亿年。

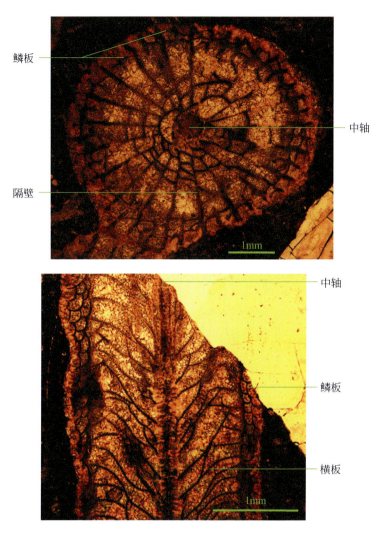

图 2-11　石柱珊瑚横切面（上图）和纵切面（下图）

2.4.4　朗士德珊瑚（*Lonsdaleia*）

丛状或多角状复体，泡沫板大小较一致，隔壁不达外壁。横板完整，具网状中柱。三带型（图 2-12）。时代分布：石炭纪（C），距今大约 3.6 亿～3.0 亿年。

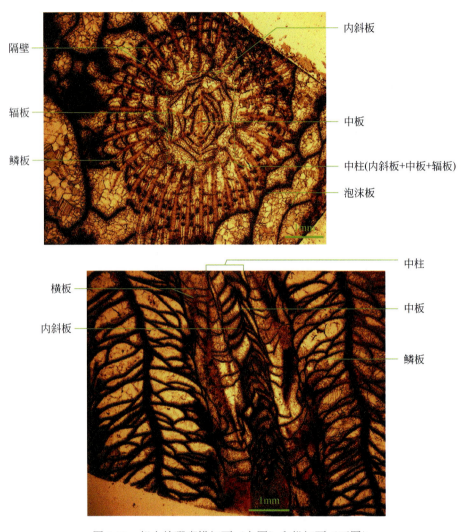

隔壁

辐板

鳞板

内斜板

中板

中柱(内斜板+中板+辐板)

泡沫板

中柱

横板

内斜板

中板

鳞板

图 2-12　朗士德珊瑚横切面（上图）和纵切面（下图）

2.4.5　假小泡沫珊瑚（*Pseudomicroplasma*）

　　单体珊瑚，外形柱状或锥状。体壁较厚，个体边部的泡沫板较小，呈斜列状，向中央逐渐过渡为平列状，具上凸的大泡沫板（图 2-13）。时代分布：泥盆纪（D），距今大约 4.2 亿～3.6 亿年。

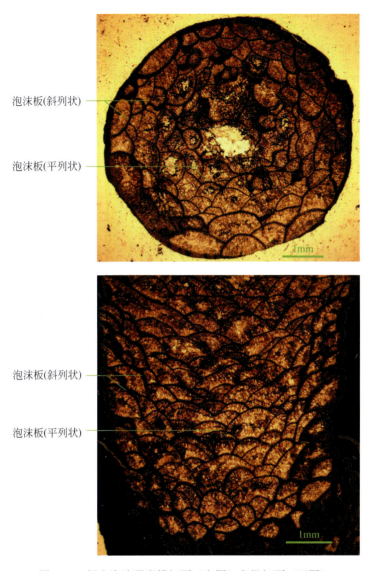

泡沫板(斜列状)

泡沫板(平列状)

泡沫板(斜列状)

泡沫板(平列状)

图 2-13　假小泡沫珊瑚横切面（上图）和纵切面（下图）

2.4.6　蜂巢珊瑚（*Favosites*）

块状复体，个体多角柱状，体壁薄，常见中间缝（相邻个体单壁之间的缝隙，不包括单壁外的表壁），隔壁呈刺状、瘤状或无，联结构造呈壁孔状（图 2-14）。时代分布：志留纪—中泥盆世（S–D$_2$），距今大约 4.4 亿～3.8 亿年。

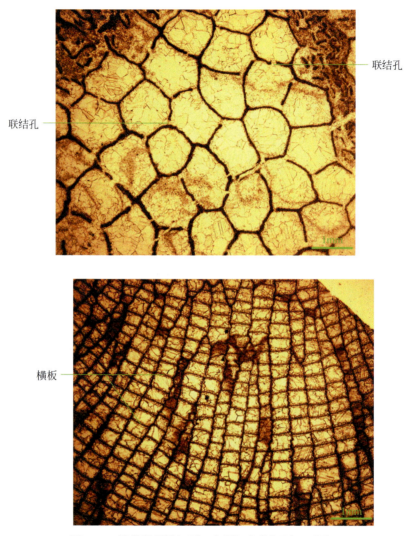

图2-14 蜂巢珊瑚横切面（上图）和纵切面（下图）

2.4.7 链珊瑚（*Halysites*）

丛状复体，链状，个体横断面为椭圆形，个体中间由小管或中间管联结形成封闭网眼链状。横板多完整（图2-15）。时代分布：中奥陶世—志留纪（O_2–S），距今约4.7亿～4.2亿年。

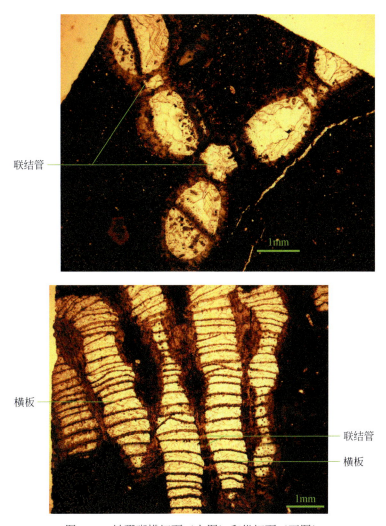

图 2-15　链珊瑚横切面（上图）和纵切面（下图）

2.5　思　考　题

（1）试述珊瑚的外部形态、内部构造、轴部构造和联结构造。

（2）在显微镜下观察各主要属种珊瑚标本，并标注其基本构造。

（3）简述珊瑚各典型属的构造特征及时代分布。

小 精 灵

神奇的小生命，造石头的小精灵
亿万年来，劳作不停
石珊瑚、红珊瑚，是你的现代子孙
四射珊瑚、六射珊瑚，是你的远古
祖宗
浅海居民，与水母同门
生活简单，口肛不分[①]
简单得只有腔肠
除了消化腔以外，没有其他内脏
甚至，甚至
吃也此口，泄也此口
不用麻烦另外开口

口的周围，许多触手

就地取材，自盖高楼[②]
结构精巧，外形不俗
拖鞋珊瑚，状如拖鞋
蜂巢珊瑚，不输蜂族
隔壁横板泡沫板，鳞板中柱或中轴
单带、双带或三带，不同组合有讲究
专业的术语，精美的结构…

珊瑚！珊瑚！
久远的历史让人着迷
精美的形态使人忘忧[③]

[①] 腔肠动物在消化腔中央有口，既是食物的进入口，也是废物的排泄口
[②] 珊瑚虫体壁外胚层细胞能分泌钙质骨骼，随着生长，不断抬升
[③] 观看现代浅海五彩斑斓的珊瑚，确实可以让人乐而忘忧

3 腕足动物

腕足动物（Brachiopoda）是身裹两瓣大小不一的壳的无脊椎动物，是地史上出现时间最早并存活至今的为数不多的动物门类之一。传统上依据铰合构造的有无、壳质成分、支腕构造分为两个纲：①无铰纲（Inarticulata），无铰合构造，主要依靠肌肉连接两壳，壳质大部分为几丁磷灰质；②有铰纲（Articulata），具铰合构造，有各种支腕构造，钙质壳。现代分类是依据腕足动物个体发育方式及形态、生态等，将其分为3个亚门（舌形贝亚门、骷髅贝亚门、小嘴贝亚门），8个纲，26个目。腕足动物具有钙质或几丁磷灰质的外壳，易保存下来并形成化石。它们最早出现于寒武纪（距今约5.4亿年），并延续至今。腕足动物分布时代长，种类繁多，地理分布广泛，易于发现，是古生物学、古生物地理学和古生态学研究的主要化石门类之一。

3.1 实习要求

（1）掌握腕足动物硬体的主要特征和构造名称。

（2）掌握区别腕足动物腹壳、背壳的方法。

（3）掌握腕足动物主要属种的特征及地史分布。

3.2 基本构造

3.2.1 外部构造—外壳

腕足动物具双壳，分别为腹壳和背壳。观察腕足动物的壳体时，习惯于将腹壳向下，称腹方；背壳向上，称背方。通常，在腹壳中部有一凹槽，称为腹中槽，在背壳中部有一隆起，称背中隆（图3-1）。偶尔也有相反的情况。

两壳铰合处称后方，两壳开闭处称前方，由于壳体形态变化较大，其前部结合处（前边缘）也呈现出不同形态。

3.2.2 外部构造——外壳后部

腕足动物最早分泌的硬体部分呈鸟喙状，称壳喙，腹壳的壳喙（腹喙）较背壳的（背喙）大。两壳瓣在后方铰合的线称铰合线，铰合线直弯长短不一。铰合

图 3-1 颠石燕（*Acrospirifer*）前视

线的两端称主端，翼状、浑圆或方形。自壳喙向两侧伸至主端的壳体边缘与铰合线包围形成的三角形区域称铰合面（又称基面或三面），平坦或轻微凹曲。腹壳和背壳的铰合面的中央，各有一个三角形的孔洞，分别为腹三角孔和背三角孔。三角孔是肉茎伸出的孔道，随着壳体的生长，肉茎缩小或消失，于是三角孔部分或全部地被板状物所覆盖。这种板状物，称为腹三角板和背三角板（图 3-2）。

图 3-2 鸮头贝（*Stringocephalus*）背视

3.2.3 外部构造——壳饰

腕足动物的壳面可平滑，但多数具有多种壳饰。一类是同心饰，是以壳喙为中心向前及两侧作同心状排列的壳饰，由细而粗分为四个等级，即同心纹（细弱的线纹）、同心线（较粗的线条）、同心层（带状或叠瓦状）和同心褶（粗大且波状起伏）。另一类是放射饰，自壳喙附近向侧缘及前缘作放射状排列，由细而粗分为三个等级：细弱并多分枝的，称放射纹；只见于外壳面，而内部依然平滑的，称为放射线；特别粗壮，并影响内部壳面的，称为放射褶（图 3-3）。

图 3-3　葛拉得马特贝（*Martellia giraldi*）

3.2.4　内部构造——铰合构造

　　铰合构造包括铰齿和铰窝，铰齿是位于腹壳三角孔前侧角两边的齿状突起（图 3-4）；相应地，铰窝是位于背壳三角孔前侧角两边的凹陷。铰齿和铰窝是腕足动物两个壳瓣开闭时的支点，铰齿插入铰窝中，二者相互铰合（图 3-4）。背壳内部三角孔附近的突起称为主突起（图 3-4）。

图 3-4　正形贝（*Orthis*）

3.2.5　内部构造——齿板、匙形台、中板

铰齿下常有一对向腹方壳体伸展的支板支持铰齿，称为齿板（图 3-4，图 3-5）。与齿板相对应，在背壳向背方伸展的支板，称铰窝板。两个齿板相向延伸，互相融合，而成匙形，称为腹匙形台（图 3-4，图 3-6）。与腹匙形台相对应，在背壳的类似构造，称为背匙形台（图 3-6）。匙形台下部有中板支持。

齿板
主端

5mm

图 3-5　弓石燕（*Cyrtospirifer*）

背匙形台

腹匙形台

5mm

图 3-6　扬子贝（*Yangtzeella*）

3.2.6　内部构造——支腕构造

支持卷曲腕的骨骼为支腕构造，发育在背壳上。分为腕基（位于背壳中部的突起，是腕骨的附着点）、腕棒（从腕基向前生长出的棒状物，其形态变化大）、腕带（腕棒前部伸展的部分，在其前端汇合成为环状物）和腕螺（腕棒向前作螺旋状延伸形成）（图 3-7—图 3-10）。

腕螺可依据其旋转的螺顶所指的方向分为三种类型：指向侧后方的石燕贝型、

指向背方的无洞贝型和指向正侧方的无窗贝型（图 3-8—图 3-10）。

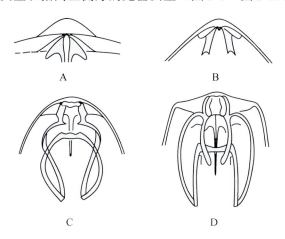

图 3-7　支腕的构造

A. 腕基；B. 腕棒；C，D. 腕带（Lehman and Hillmer，1980；张永辂等，1988）

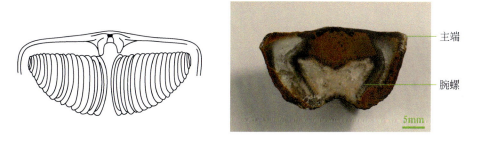

图 3-8　石燕贝型（spiriferoid，腕螺的顶端指向侧后方）

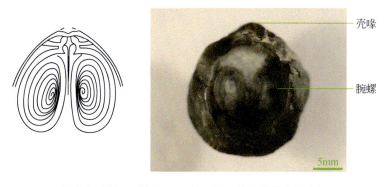

图 3-9　无洞贝型（atrypoid，腕螺的顶端指向背方）

图 3-10　无窗贝型（athyoid，腕螺的顶端指向正侧方）

3.3　观　察　内　容

3.3.1　壳的定向

观察腕足动物壳体时，应先定壳的前后，再区分背、腹壳。壳喙所在的一方为后方，两壳开闭处为前方。背、腹壳判断特征如下：

腹壳常大于背壳；

腹壳常具中槽，背壳常具中隆；

腹喙常较背喙发育；

主基（背壳内部主突起、铰窝板、腕基及腕骨的总称）在背壳上。

3.3.2　观察壳的大小、形状、凹凸及壳饰

壳的大小用长、宽、厚三个指标来衡量（图 3-11）：

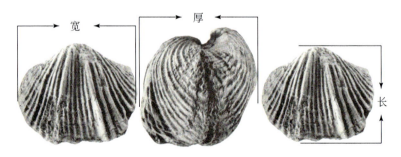

图 3-11　壳宽、壳厚、壳长

对壳体进行观察时，有正视、侧视、前视等多个角度。正视是将铰合边向上，开口边向下的观察方式，主要观察壳体的形状及壳饰，分为背壳正视和腹壳正视；侧视主要观察壳体的凹凸，需注意先背后腹（即先观察背壳再观察腹壳）；前视主

要观察壳体前结合缘的变化，需注意背上腹下。

3.3.3　观察后部构造

以后视角度观察壳喙大小、弯曲程度，铰合线的长短、直弯，主端形状以及三角板的发育程度等。

3.3.4　观察内部构造

内部构造包括铰齿、铰窝、匙形台及支腕构造等，一般通过连续切面进行观察。

3.4　实 习 内 容

3.4.1　舌形贝（*Lingula*）

俗称海豆芽，壳长卵形或舌形，两壳凸度相似，大小近等，腹壳略长（图3-12—图3-15）。壳壁脆薄，几丁质和磷灰质交互成层。壳面其油脂光泽，饰以同心纹。时代分布：寒武纪—现代（Є–R），即大约5.4亿年前至今。

图 3-12　舌形贝背视

图 3-13 舌形贝侧视

图 3-14 舌形贝前视

腹喙

5mm

图 3-15　舌形贝后视

3.4.2　正形贝（*Orthis*）

　　壳亚圆形至近方形，平凸至微凹凸，铰合线宽而直，稍短于壳的最大宽度。腹铰合面较高，放射线简单、粗壮、不分支（图 3-16—图 3-19）。时代分布：早—中奥陶世（O_{1-2}），距今大约 4.9 亿～4.6 亿年。

铰合线　　　　　　　　　　　　　　　　　　腹喙

长　　　　　　　　　　　　　　　　　　　　主端
　　　　　　　　　　　　　　　　　　　　　背喙

　　　　　　　　　　　　　　　　　　　　　放射线

宽

10mm

图 3-16　正形贝背视

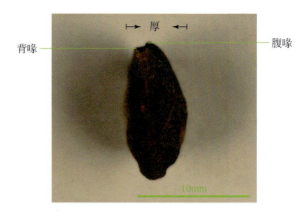

图 3-17　正形贝侧视

图 3-18　正形贝前视

图 3-19　正形贝后视

3.4.3 扬子贝（*Yangtzeella*）

钙质壳，横方形，铰合线直，略短于壳宽，主端钝圆，腹铰合面高于背铰合面。双凸，中槽中隆明显，壳面光滑，仅具微弱同心纹（图 3-20—图 3-23）。时代分布：早奥陶世（O_1），距今大约 4.9 亿年。

图 3-20　扬子贝背视

图 3-21　扬子贝侧视

图 3-22　扬子贝前视

图 3-23　扬子贝后视

3.4.4　五房贝（*Pentamerus*）

　　钙质壳，较大，长卵形或近五边形，双凸，腹喙弯曲，超掩背喙，铰合线弯曲，主端扁圆。中槽和中隆不明显，壳面光滑无饰。部分标本背壳、腹壳上可见中板（图 3-24—图 3-27）。时代分布：志留纪（S），距今大约 4.4 亿～4.2 亿年。

图 3-24　五房贝背视

腹喙
背喙

图 3-25　五房贝侧视

背壳
前边缘
腹壳

图 3-26　五房贝前视

中板
腹喙
中板

图 3-27　五房贝后视

3.4.5　网格长身贝（*Dictyoclostus*）

　　壳大，圆方形，凹凸，膝状弯曲，铰合线直长，等于壳宽，主端钝方。壳面放射线密集，后部可见同心褶，两者相交呈网格状，腹壳有稀疏壳刺（图3-28）。时代分布：石炭纪密西西比亚纪（原早石炭世）（C₁），距今大约 3.6 亿年。

图 3-28　网格长身贝腹视

3.4.6　鸮头贝（*Stringocephalus*）

　　壳大，近圆形，双凸，铰合线短弯，腹壳壳喙高耸，弯曲。壳面光滑（图 3-29—图 3-32）。时代分布：中泥盆世（D₂），距今大约 3.9 亿年。

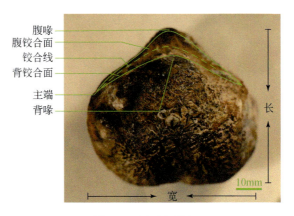

图 3-29　鸮头贝背视

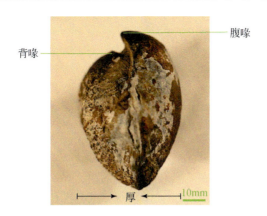

图 3-30　鸮头贝侧视

图 3-31　鸮头贝前视

图 3-32　鸮头贝后视

3.4.7 颠石燕（*Acrospirifer*）

壳中等到大，半圆形或椭圆形，双凸，主端翼状。铰合线等于壳宽，中槽和中隆显著、光滑，一般无壳褶。侧区有粗大的放射褶（图 3-1、图 3-33—图 3-34）。时代分布：中泥盆世（D_2），距今大约 3.9 亿年。

图 3-33 颠石燕后视

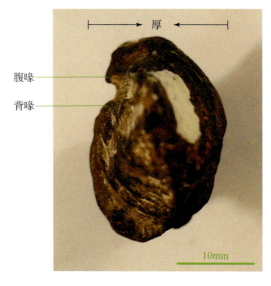

图 3-34 颠石燕侧视

3.5　思　考　题

（1）详述腕足动物的基本构造。

（2）简述并描绘各主要属种的标本特征、基本构造和时代分布。

（3）试述判断腕足动物背、腹壳的方法。

石　燕①

一喙朝前，　　　　　你与多种贝壳为伍，
两翼伸展。　　　　　你同各样鱼类结伴：
可曾上下翻飞，　　　云南贝、鸮头贝，贝贝两壳②；
搏击于彩云之巅？　　盾皮鱼、总鳍鱼，鱼鱼多变③；
可曾衔泥构巢，　　　你可曾看见沟鳞鱼最早的下颌④？
筑窝于我家房檐？　　你可曾眺望古鳞木原始的叶片⑤？
　　　　　　　　　　恐鱼可怕的头形的确恐怖⑥，
化石知识告诉我，　　甲胄鱼身披骨甲就像武将的打扮⑦。
你是石化了的海虫，　究竟你是会飞燕子形态的提前展示？
外形堪比飞燕。　　　还是会飞燕子是你飞翔之梦的推后实现？
三亿六千万年以前，　亿万年的时空阻隔啊——
泥盆纪的海洋，　　　使这一切扑朔迷离，
才是你生活的家园。　亦真亦幻……

---

① *Spirifer*，腕足类化石，生存于大约 2 亿～3 亿年前的浅海区域。

② 腕足类（Brachiopoda）在泥盆纪（距今大约 4.2 亿～3.6 亿年）十分繁盛，云南贝（*Yunnanella*）、鸮头贝（*Stringocephalus*）与石燕（*Spirifer*）都是常见的类型。

③ 泥盆纪被称为鱼类的时代，盾皮鱼（Placodermi）、总鳍鱼（Crossopterygii）都是典型代表。

④ 沟鳞鱼（*Bothriolepis*）是存在上、下颌分化的早期鱼类，泥盆纪代表性鱼类。

⑤ 鳞木（*Lepidodendron*）是已有根、茎、叶分化的早期植物，泥盆纪代表性植物。

⑥ 恐鱼（*Dinicthys*）是泥盆纪晚期地球上出现的凶猛而体型巨大的动物，是盾皮鱼纲节颈鱼目的典型代表。恐鱼体型长达八米多，嘴张开时有一米多宽，比现在的鲨鱼还要大，还要凶狠。

⑦ 典型的甲胄鱼（Ostracoderms）体表具有发育较好的由骨板或鳞甲组成的甲胄，这便是"甲胄鱼"这一名称的由来，主要生活于晚志留世到早泥盆世时期（距今大约 4.3 亿～3.9 亿年）。

4 软 体 动 物

软体动物门（Mollusca）是仅次于节肢动物门的动物界第二大类群，是一类三胚层具体腔动物，身体柔软，一般分为头、足、内脏团和外套膜四部分。广泛分布于湖泊、沼泽、海洋、山地等各种环境中，适应于不同的生境，还有数万化石种类。各类群的形态结构、生活方式等差异很大。根据壳体、足、鳃、神经及发育等特征的不同，将软体动物划分为 10 个纲：单板纲、喙壳纲、多板纲、无板纲、腹足纲、掘足纲、头足纲、双壳纲、竹节石纲、软舌螺纲。其中腹足纲（Gastropoda）、双壳纲（Bivalvia）、头足纲（Cephalopoda）等化石记录最为丰富。

腹足纲因足生长在腹部而得名，对各种环境均有很强的适应性，在海洋、淡水及陆地都有分布。随环境的不同，腹足动物的壳形、壳面装饰等变化很大。分布时代较长，从寒武纪（距今大约 5.4 亿年）至现代都有发现，但以新生代（大约 0.66 亿年前到现在，参见附录）为主。

双壳纲（Bivalvia）身体扁平，两侧对称，壳分左右，两壳对称。外形多样，与生活环境关系密切。双壳类是水生无脊椎动物中生活领域最广泛的门类之一，由赤道至两极，由潮间带到 5800m 深海，从咸化海到淡水湖泊都有分布。其生活方式主要为海生底栖。最早出现于寒武纪早期（距今大约 5.4 亿年），之后逐步发展，至中生代（距今大约 2.5 亿～0.66 亿年，参见附录）开始迅速发展，到现代达到全盛。

头足纲（Cephalopoda）是软体动物中最高等的类别，海生，食肉，底栖爬行或游泳，化石代表有鹦鹉螺类、菊石类和箭石类等，现生代表有章鱼、乌贼和鹦鹉螺等。鹦鹉螺类出现于寒武纪，直到现代都有其代表，其中以古生代（距今大约 5.4 亿～2.5 亿年，参见附录）居多，许多类型是标准化石。菊石类的基本构造和鹦鹉螺类一样，壳体由气室、住室等构成，但在外形、体管、缝合线等方面存在差异。头足纲地史分布较广，早古生代（距今大约 5.4 亿～4.2 亿年，参见附录）阶段全为鹦鹉螺类，其缝合线均为简单的鹦鹉螺型；晚古生代（距今大约 4.2 亿～2.5 亿年，参见附录）至中生代阶段，以菊石类和箭石类为主；新生代阶段，以内壳类（有些种类的外壳不发达，退化形成内壳）繁盛为特征，鹦鹉螺类仅个别残存。

4.1 实 习 要 求

（1）掌握腹足纲、双壳纲和头足纲硬体基本构造。

（2）掌握各代表属特征及地史分布。

（3）观察腹足纲、双壳纲和头足纲各代表种类的标本，认清结构和特征。

4.2 基 本 构 造

4.2.1 腹足纲

腹足纲因足生长在腹部得名。头部两侧对称，在生长发育中，外套膜随内脏囊的扭转而扭转，外壳也呈旋转形（图 4-1）。

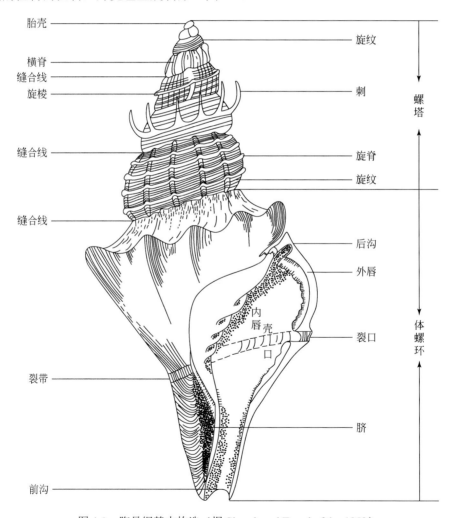

图 4-1 腹足纲基本构造（据 Shrock and Twenhofel，1953）

胎壳：螺壳上最早形成的部分。

螺环：螺壳沿中轴旋转 360°形成一个螺环。

缝合线：螺环之间的接触线。

体螺环：最后一个螺环。

螺塔：体螺环之外螺环的总和。

脐：整个螺壳在旋轴处形成的漏斗形空间。

唇（口缘）：壳口的边缘，位于壳口外侧的为外唇，位于壳口内侧的为内唇。

前沟：壳上的沟状缺口，进水的水管沟。

后沟：壳上的沟状缺口，出水的肛沟。

有的腹足类由两端进水，并在壳口侧缘中央形成一缺口，为出水的肛管所在。缺口呈 V 形或 U 形，两边平行者称裂口，裂口在生长过程中被壳质填补，即成裂带。

壳饰基本分为两组，平行于缝合线的，称旋向壳饰或纵向壳饰；垂直于或斜交于缝合线的，称横向壳饰或轴向壳饰。每一组壳饰又按由粗到细可以分为旋向的旋棱，横向的横粗脊，以及横向、旋向都有的脊、线和纹以及瘤状、刺状、粒状突起等。壳质随壳体增大而增长，形成平行于壳口边缘的线条，称为生长线，也属于横向壳饰。

体螺环开口处称为壳口，形态多样。壳口内侧为内唇，外侧为外唇。壳口与体螺环相接触的一面为内缘，另一侧为外缘。整个螺壳两侧切线的交角称为螺角或侧角（pleural angle）；最初几个螺环的切线交角称为顶角（apical angle），两者可相等或不相等（图 4-2）。

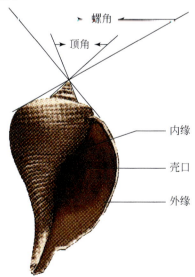

图 4-2　开口与螺角

4.2.2 双壳纲

双壳纲是水生软体动物，通常具有两枚大小相等的壳瓣，因此被命名双壳纲。壳分左右，两壳对称。最早形成的部分为壳喙，壳喙处的突起称壳顶（图4-3）。壳顶所在一侧为背，开口一侧为腹。壳顶与前/后壳面连接处的褶曲为前/后壳顶褶曲。壳面除少数光滑者外，壳饰通常分为同心饰和放射饰两类。每类又各按强度分为线、脊、褶。也有网状、刺状等形态的壳饰。

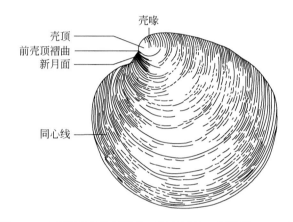

图4-3 双壳纲壳的外部结构（据门凤岐、赵祥麟，1984）

基面即两壳之间的平面或凹面，是韧带和肌肉附着的地方，壳喙之前为新月面（心脏形凹陷），之后为盾纹面（长槽形凹陷）（图4-4）。

后壳顶脊即由喙向后腹方伸展的一条隆脊。

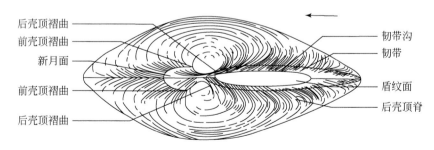

图4-4 基面构造（据童金南等，2007）

耳是壳喙前后部外延的部分，分为前耳和后耳（图4-5）。

足丝缺口：在前耳的下部，通常右壳的较深（足丝凹口），左壳的较浅（足丝凹曲）（图4-5）。

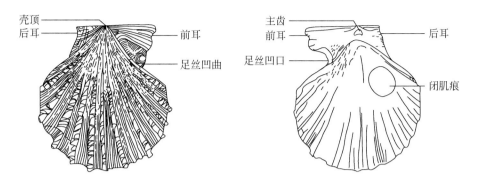

图 4-5 耳部构造（据童金南等，2007）

外套线（外套膜附着痕）：外套膜外缘游离部分与其在壳内面附着部分之间在壳内留下的痕迹（图 4-6）。

外套湾：具有水管的双壳，当双瓣关闭以御敌或阻止泥沙进入时，须将水管拉入壳内，外套线因此向内移动并形成弯曲，称外套湾（图 4-6）。

闭肌痕：壳体闭合的闭壳肌所产生的痕迹，一般有 1～2 个（图 4-6）。

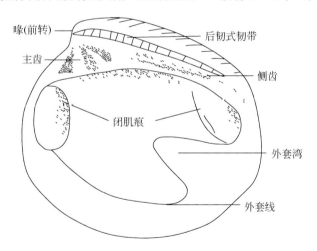

图 4-6 双壳纲动物壳体的基本构造（据童金南等，2021）

铰齿与铰窝：每壳均有铰齿和铰窝，且相间排列。铰齿分为主齿和侧齿。主齿呈三角形，位于壳喙下方。侧齿为板状，多在两侧。壳体闭合时，两壳瓣的铰齿和铰窝相互嵌合（图 4-7）。

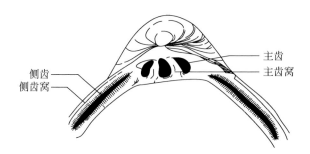

图 4-7 铰齿与铰窝（据张永辂等，1988）

4.2.3 头足纲

头足纲是高等的海生软体动物，化石种类多。壳体形状多样，有伸直的直形壳，稍弯的弓形壳，松卷的环形壳以及平旋壳等。平旋壳形中，壳每旋转一周称为一旋环，最后一个旋环为外旋环，其余旋环统称为内旋环。据旋卷程度，外旋环与内旋环接触或包围其一小部分称为外卷，外旋环包围内旋环不超过一半为半外卷，超过一半为半内卷，外旋环完全包围内旋环或仅露出极少部分称为内卷（图4-8，图 4-9）。平旋壳的外部侧面可见壳圈邻近旋转轴的壳壁环绕形成的低凹的脐，脐深浅、宽狭不等（图4-9）。

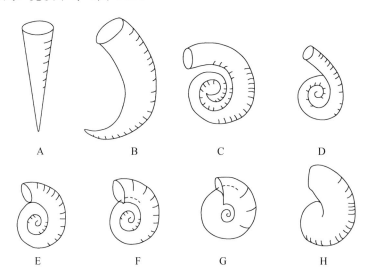

图 4-8 头足纲外壳类动物的壳形

A. 直形壳；B. 弓形壳；C. 环形壳；D. 半旋形壳；E. 外卷壳；F. 半外卷壳；G. 半内卷壳；H. 内卷壳（据童金南等，2021）

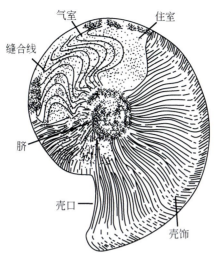

图 4-9 菊石类的基本构造（据童金南等，2021）

　　壳体最初形成的部分为原壳，随着生物体的增长和前移，原壳不能容纳软体，于是分泌新的壳室来容纳软体，新的壳室和原壳之间以隔壁加以分离。生物体不断长大，隔壁将壳体分隔为许多房室。最前方具壳口的房室最大，为软体居住之处，称为住室。其余各室充以气体，称为气室。

　　头足类软体后端有一肉质索状管，称体管索，自住室穿过各气室而达原壳，每个隔壁上都有被体管索穿过的孔，即隔壁孔（septal foramen）。沿隔壁孔的周围延伸出的领状小管称隔壁颈（septal neck）（图 4-10）。

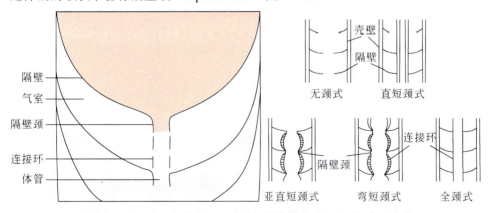

图 4-10 中华角石的隔壁颈与体管以及鹦鹉螺的体管类型（右图据童金南等，2007）

　　头足类壳中包围肉质的体管索贯通原壳到住室的管道称为外体管（siphuncle），由隔壁颈和连接环（connecting ring）（隔壁颈之间或其内侧的环状的小管）组成。

　　外体管与体管索统称体管（图 4-10）。一般根据隔壁颈的长短、弯曲程度和连接环形状，体管可以分为下列 5 个类型（图 4-10）：隔壁颈甚短或无，无连接环的无颈式（achoanitic）；隔壁颈短而直，连接环直的直短颈式（orthochoanitic）；隔壁颈短而直，仅尖端微弯，连接环外凸的亚直短颈式（suborthochoanitic）；隔壁颈短而弯，连接环外凸的弯短颈式（cyrtochoanitic）；隔壁颈向后延伸，达到或超过后一隔壁，连接环有时存在的全颈式（holochoanitic）。

许多古生代的头足类在气室中还有气室沉积，包括壁前沉积、壁后沉积和壁侧沉积。据研究，是气室中的废弃外套膜形成的。次生沉积则是成岩作用所形成的，其特点是在气室中均匀分布（图 4-11）。

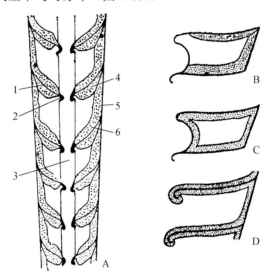

图 4-11　气室沉积（A，B）和次生沉积（C，D）

1. 隔壁；2. 隔壁颈；3. 体管；4. 壁后沉积；5. 壁侧沉积；6. 壁前沉积（图片引自张永辂等，1988）

头足纲动物壳内隔壁边缘与壳壁内面相接触的线为缝合线，因此只有外壳表皮被剥去之后，才能露出缝合线。缝合线在头足纲的分类和进化上具有重要意义。在平旋壳内，缝合线可以分为两部分：自腹面中央经两侧到壳圈在脐部的接合线即脐线为止，叫外缝合线；自一侧的脐线经背面到另一侧的脐线的部分叫内缝合线。由于壳圈的背面卷压在前一壳圈的腹面，所以内缝合线在化石中不易看到。缝合线向前弯曲的部分称为鞍，向后弯曲部分称为叶。最基本的有四个（图 4-12），位于腹部的叶称为腹叶，位于背部的叶称为背叶，位于侧面的叶称为侧叶，位于脐部的叶称为脐叶。由脐叶或脐鞍再分出许多小的叶和鞍，合称为助线系。在侧叶和脐叶之间若有另一侧叶，则前一侧叶称为第一侧叶，后者称为第二侧叶。腹叶与第一侧叶之间的鞍称为第一侧鞍，第一侧鞍背方的鞍称为第二侧鞍。有些类别的第一侧鞍再进行分化，形成了类似第一侧叶的次级叶，称为偶生叶。

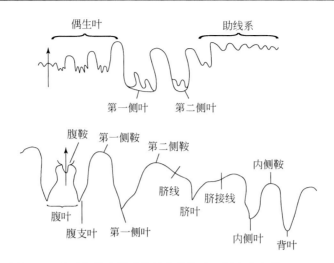

图 4-12　头足纲外壳类动物缝合线构造（据童金南等，2021）

头足纲外壳类动物缝合线根据隔壁褶皱的程度，可分为四种类型（图 4-13）。

无棱菊石型：鞍、叶数目少，形态完整，侧叶宽，浑圆状。

棱菊石型：鞍、叶数目多，形态完整，叶尖棱状。

齿菊石型：鞍部完整圆滑，叶部再分为齿状。

菊石型：鞍和叶分出许多小叶。

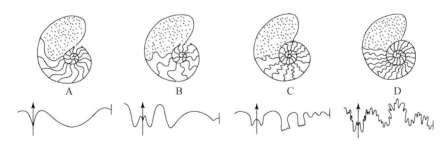

图 4-13　头足纲外壳类动物缝合线类型

A. 无棱菊石型；B. 棱菊石型；C. 齿菊石型；D. 菊石型（据童金南等，2021）

4.3　观　察　内　容

4.3.1　腹足纲

定向：胎壳所在的一端为壳顶，观察时，将顶部（壳顶）向上，旋轴直立，面向观察者，若壳口在观察者左侧，是为左旋壳，在右侧指为右旋壳（图 4-14）。

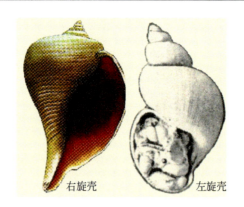

右旋壳　　　　　　左旋壳

图 4-14　腹足纲的定向

观察要点：塔形壳（壳体绕着旋轴螺旋状上升，形状似塔；如似玉螺）的观察重点是螺壳顶角大小、螺塔与体螺环的比例、螺环数量及断面形态、壳口形状、壳饰等。观察平旋壳（壳体绕着旋轴在一个平面旋转；如松卷螺）时，将凹的一面朝下，观察旋卷的松紧、螺环断面形态及壳饰等。

4.3.2　双壳纲

双壳纲为两侧对称动物，因此壳体分为前、后、背、腹、左、右。定向时先确定前后。

前后定向规则如下：

壳喙一般前转（喙指向前方），壳前短后长；

同心及放射壳饰一般由喙向后腹方扩散；

新月面在前，盾纹面在后；

足丝缺口在前，后耳常大于前耳；

外套湾位于后部；

不等柱肌痕（有两个闭肌痕且大小不一）大者为后，单柱肌痕（只有一个闭肌痕）位置一般靠后。

前后定好之后，再定背腹及左右，即将两壳瓣的铰合部设置为上，开闭部设置为下，并将壳的前方指向观察者的前方。如此拿定，则上方为背，下方为腹；左侧的壳瓣为左壳，右侧为右壳。

观察要点：壳形和壳饰，喙的指向及位置，基面的形态（新月面、盾纹面），耳。

4.3.3　头足纲

鹦鹉螺类观察要点：壳的形状、大小、壳面装饰，隔壁的疏密程度，体管类型、连接环发育程度，体管内沉积和气室内沉积。

菊石类观察要点：外壳形态和缝合线，重点观察缝合线，注意鞍、叶分异程度，判别缝合线类型。

4.4 实 习 内 容

4.4.1 似玉螺（*Naticopsis*）

椭圆形，低螺塔，大体环，螺环切面圆，壳口卵圆，右旋壳（图 4-15）。时代分布：泥盆纪—三叠纪（D–T），距今大约 4.2 亿～2.0 亿年。

图 4-15　似玉螺

4.4.2 松卷螺（*Ecculiomphalus*）

盘形，末圈松旋，螺环少，扩大快，上壁与外壁呈高狭旋棱，下壁圆凸（图 4-16，图 4-17）。时代分布：早奥陶世—中奥陶世（O_1–O_2），距今大约 4.9 亿～4.6 亿年。

图 4-16　松卷螺

图 4-17　松卷螺侧视

4.4.3　克氏蛤（*Claraia*）

　　壳近圆形，左壳较凸。壳顶前位。壳面具同心线，放射线微发育或无。具两耳，前耳小或微弱，后耳较大，与壳面的界线不清（图 4-18）。时代分布：晚二叠世至早三叠世（P_3–T_1），距今大约 2.6 亿～2.5 亿年。

图 4-18　克氏蛤（左壳）

4.4.4　类三角蚌（*Trigonoides*）

　　外壳卵形，喙居中或略靠前，新月面小，盾纹面大。壳饰强且复杂，尤其是放射脊，前方及侧方的放射脊相交成人字形壳饰（图 4-19）。时代分布：白垩纪（K），距今大约 1.45 亿～0.66 亿年。

图 4-19 类三角蚌

4.4.5 中华角石（*Sinoceras*）

壳直锥形，壳面有显著的波状横纹。体管细小，位于中央或微偏，隔壁颈直长，达气室 1/2 处，连接环直（体管类型为直短颈式）（图 4-10，图 4-20，图 4-21）。时代分布：中奥陶世（O_2），距今大约 4.7 亿年。

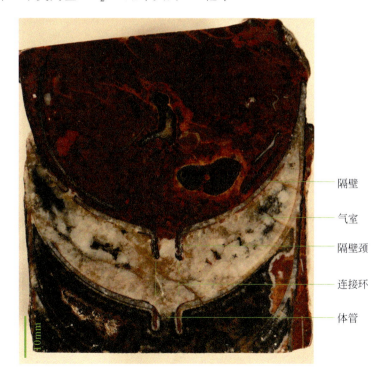

图 4-20 中华角石内部

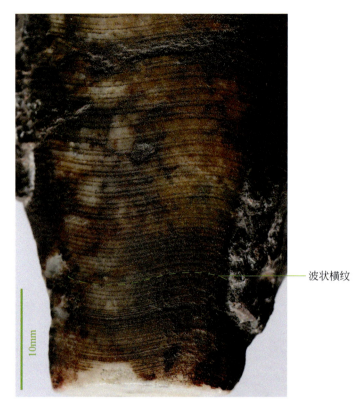

波状横纹

10mm

图 4-21　中华角石壳面

4.4.6　阿门角石（*Armenoceras*）

　　壳直，中等到大。体管大，偏于中心，呈串珠状。隔壁较密，隔壁颈短弯，与隔壁成锐角相交，连接环外凸（体管类型为弯短颈式）（图 4-22）。时代分布：中奥陶世—志留纪罗德洛世（原晚志留世）（O_2–S_3），距今大约 4.7 亿～4.2 亿年。

4.4.7　米克菊石（*Meekoceras*）

　　壳外卷至半内卷。壳的侧面有微弱的横纹，齿菊石型缝合线（图 4-23）。时代分布：早三叠世（T_1），距今大约 2.5 亿年。

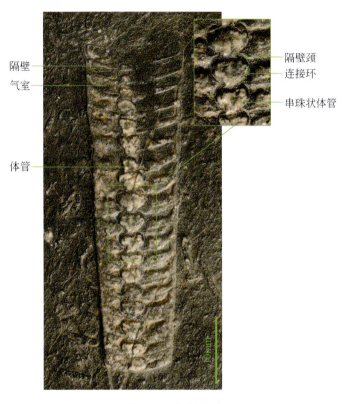

隔壁
气室
体管

隔壁颈
连接环
串珠状体管

图 4-22 阿门角石

叶
鞍

壳口

脐
缝合线
气室

图 4-23 米克菊石

4.5　思　考　题

（1）绘制腹足纲、双壳纲、头足纲各代表化石并标注基本构造。

（2）总结菊石缝合线类型的地史发展阶段，并简述其意义。

（3）如何区分腕足动物与软体动物双壳纲？

软体动物门

软体无脊椎，多数有硬壳。　　双壳有河蚌，又名斧足纲。
外形多变分水陆，身体有包裹。　双壳对称有定向，生态很多样。
软体头足躯，另有外套膜。　　　头足鹦鹉螺，多数有外壳。
肉足发育鳃呼吸，硬壳自己做[①]。　以头为足食肉类，直卷形态多。
腹足如田螺，常见化石多。　　　菊石缝合线，类型勿记错。
以腹为足营爬行，水陆都有我。　分类演化有意义，时代相配合。

游 河 口 盖

腹足封口厣[②]，壳盖板状片。　　游河张家坡，上新新发现。
中国东南有报道，中部首次见。　鉴定四属十二种，分布有扩展。

双 壳 类

两瓣壳，瓣状鳃，无头有足怪可爱。　外套湾，外套线，水管相关联；
原鳃丝鳃瓣隔鳃，由简到繁有选择。　闭肌痕，分双单，位置很明显。
斧形足，出体外，挖泥掘沙走起来。　齿系分类型，齿窝可相间；
固着漂游或偃卧，壳形千姿也百态。　可与腕足相区别，齿窝在同瓣。
壳饰也多变，射纹同心线。　　　深海淡水均可生，起源更久远。
壳尖顶为喙，多数向前转。　　　寒武已出现，繁盛分阶段。
新月面，盾纹面，双耳前后边。　早古晚古中生代，新生最灿烂。
壳内构造有四类，留痕也可见：　现代人类餐桌上，许多美味是海鲜。

---

① 外套膜富含腺细胞，能分泌硬壳。
② 读作 yǎn，亦称盖或壳盖。系腹足纲着生于后足上面的板状结构，软体部缩入贝壳内后借此堵封壳口。蜗牛等以冬盖代替。凤螺属等具锐利而尖的爪状厣，以此垂接地面可跳跃。有的种类具有机质之薄厣；有的具有重厚的石灰质厣（例如蝾螺、酢贝）。

震旦角石①

身体分节，构造如塔。　　你的近亲从古到今，
外形似角，名满天下。　　它们的形态千变万化：
宁强黎坪，有你老家②。　　阿门角石⑥，状如串珠；
震旦角石，　　　　　　　喇叭角石，真像喇叭；
扬子地台③特有，　　　　蛇菊石，盘卷如螺；
奥陶④洋中一霸！　　　　弯菊石，宛似海马；
以头为足⑤，　　　　　　鹦鹉螺就像鹦鹉嘴，
游弋猎杀。　　　　　　　墨斗鱼⑦更是奇葩。
据说，你是食肉动物，　　你的宗族真是兴旺，
在奥陶纪的海洋，谁见谁怕！　你的后代还在捕鱼吃虾⑧。

---

① 震旦角石（*Sinoceras*）又称"中华角石"，生活于4.7亿年前的中奥陶世，是当时海洋中凶猛的食肉动物。主要产自我国的湖北、湖南、四川、重庆，以及陕西南部等地区的奥陶纪地层。

② 陕南汉中市南郑区黎坪国家地质公园，有很好的震旦角石。

③ 地质学名词，是和华北地台相对应的中国南方前寒武纪克拉通。扬子地台因长江干流纵贯全区而得名，在晋宁运动期形成基底，包括川、黔、滇、鄂、湘等省的大部分地区，陕南和桂北地区，以及长江下游的皖、苏两省部分地区。地台的边缘有一些山脉环绕，如北侧的米仓山和大巴山，东侧的武陵山，西北缘的龙门山等。

④ 指奥陶纪，是古生代的第二纪（4.9亿~4.4亿年前）。奥陶纪是地球历史上海侵最广泛的时期之一，世界许多地区都广泛分布有这一时期的海相地层。在地台区，海水广布，表现为滨、浅海相碳酸盐岩的普遍发育。

⑤ 指头足类的运动器官在头部，与之对应的有"腹足类"，以腹部为运动器官，常见的如蜗牛。还有"斧足类"，运动器官呈斧状，又称双壳类或瓣鳃类，如河蚌、牡蛎等。

⑥ 阿门角石、喇叭角石、蛇菊石、弯菊石、鹦鹉螺、墨斗鱼（乌贼）等都是头足类动物在不同时期、不同地区的不同种类代表。

⑦ 即乌贼（*Sepiida*），头足类内壳亚纲的现生代表。

⑧ 乌贼热衷于吃螃蟹、鱼、贝类动物，甚至大王乌贼还不惜与抹香鲸拼个你死我活，争夺它们。

5　节肢动物——以三叶虫为例

节肢动物门（Arthropoda）包含百万余种，是动物界中最大的一个门类。全世界约有 110 万～120 万现生种，占所有现生动物物种数的 75%～80%。生态多样复杂，分布广，从 6000m 深的海底到淡水，从空中到陆地，到处都有节肢动物。节肢动物门又分为五个亚门：三叶虫亚门（Trilobitomorpha）、螯肢亚门（Chelicerata）、甲壳亚门（Crustacea）、六足亚门（Hexapoda）和多足亚门（Myriapoda）。其中三叶虫亚门在大约 2.5 亿年前灭绝，它们背甲钙化，纵向、横向均三分，并因此得名。它们身体扁平，个体大小一般在 3～10cm，小者数毫米，大者可达 70cm 左右；海生，底栖、爬行或浮游；生活于水深 100m 左右的热带、亚热带平静正常浅海环境，最早出现于寒武纪第二世（原早寒武世，距今大约 5.2 亿年），至二叠纪末期全部绝灭。三叶虫分布时代长，地理分布较广，易于发现，是很好的标准化石。同时，三叶虫化石是早古生代的重要化石之一，是划分和对比寒武纪地层的重要依据。

5.1　实　习　要　求

（1）通过观察三叶虫标本，熟悉三叶虫背甲的主要构造。
（2）掌握三叶虫头甲的主要构造。
（3）掌握典型三叶虫化石的鉴定特征及时代分布。

5.2　基　本　构　造

5.2.1　头甲

头甲构造复杂，是分类和属种划分的主要依据，多呈椭圆形，中间有隆起的头鞍和颈环，其余统称颊部，颊部中央常具眼和眼叶，眼叶前端可具一上凸的脊线与头鞍前侧角相连，称为眼脊。眼内侧与眼叶之间有一对狭缝，称面线，面线将颊部划分为活动颊和固定颊（图 5-1—图 5-4）。眼叶之前的面线为面线前支，其后为面线后支。

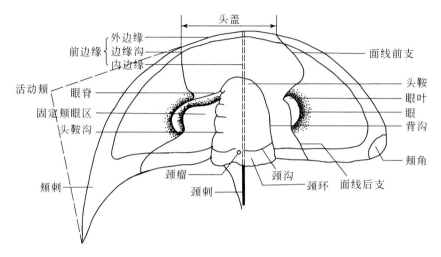

图 5-1　三叶虫头甲（据童金南等，2007）

头鞍：头甲中部隆起的部分。成对的头部分节的痕迹为头鞍沟，通常有 0~4 对（图 5-2）。头鞍两侧为背沟所限。头鞍之后为颈环，二者以颈沟为界。颈环表面光滑，也可具颈瘤或颈刺。

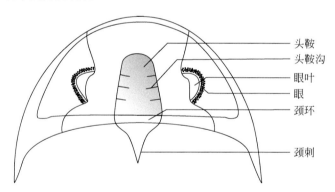

图 5-2　三叶虫头甲——头鞍

前边缘：头鞍之前背壳的总称，被边缘沟区分为外边缘和内边缘。

固定颊：颊部在面线以内的部分。固定颊外边缘的突起称眼叶（图 5-3）。

活动颊：颊部在面线以外的部分。眼位于其内侧，多未保存，其支撑结构眼叶常见。活动颊常有颊角和颊刺，颊刺常单独保存（图 5-4）。头甲侧缘与后缘之间的夹角称颊角，可向后伸长成颊刺。

头盖：三叶虫面线之间的所有部分。头盖=头鞍+固定颊。

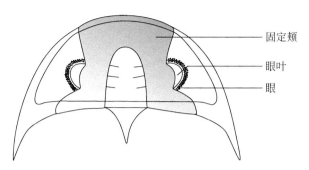

图 5-3　三叶虫头甲——固定颊

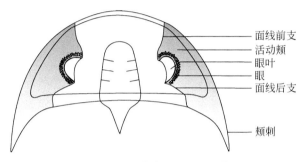

图 5-4　三叶虫头甲——活动颊

5.2.2　胸甲

胸甲由许多彼此相似的胸节组成，中部隆起为轴叶，两侧平坦部分为肋叶，肋叶外侧钝圆或呈刺状。轴叶由许多轴节组成，轴节间以关节半环（每一轴节前部具一椭圆形或半圆形的关节部分，其为关节半环）和关节沟（关节半环与轴节之间具一关节沟）相互衔接。肋叶由许多肋节组成，各肋节为间肋沟所隔，肋节上具肋沟，有的在肋节末端的前方有一斜面，称关节面（图 5-5）。

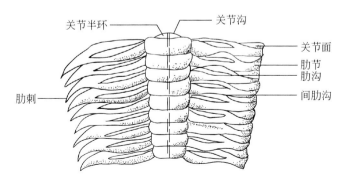

图 5-5　三叶虫胸甲（据童金南等，2007）

5.2.3 尾甲

尾甲由若干体节融合而成。轴部及肋部的特征与胸节相同（关节沟、关节半环及肋沟、间肋沟在标本保存较好的情况下均可见）。尾部常具较多的刺状构造，分为前肋刺、侧刺、次生刺、末刺（图5-6）。根据尾甲与头甲的大小比例，可将三叶虫分为小尾型、异尾型、等尾型和大尾型（图5-7）。

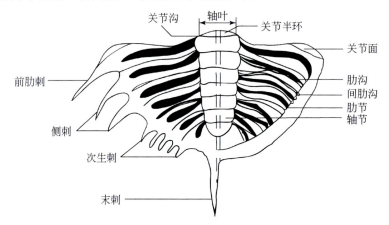

图 5-6　三叶虫尾甲（据童金南等，2007）

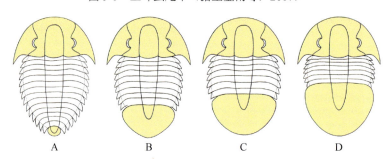

图 5-7　小尾型（A）、异尾型（B）、等尾型（C）和大尾型（D）三叶虫

5.3　观　察　内　容

首先搞清楚手中标本属于三叶虫个体的哪一部分，完整三叶虫背甲极少见，多数为分散保存的头盖和尾甲，而活动颊和胸节易破损，亦不多见。这是因为三叶虫背甲本身由若干甲片拼接而成，甲片间连接并不牢固，在浅海波浪和潮汐作用下易分散。即使单个头盖也不易观其全貌，一方面是有围岩覆盖，再者壳薄易破损。因此必须学会判断手中标本相当于完整个体中的哪一部分。搞清楚部位之

后，着重观察具分属意义的特征，例如头鞍形状，眼叶大小和位置，固定颊（眼区）宽度，前边缘（内边缘和外边缘）发育程度，胸甲及肋沟、间肋沟发育程度，尾甲及其尾刺的性质。

5.4　实习内容

5.4.1　莱得利基虫（*Redlichia*）

完整标本可见头甲、胸甲和尾甲。头甲大，半圆形，常具颊刺。头鞍锥形，具三对头鞍沟，头鞍沟显著后斜，中部连接或不连接。内边缘极窄。眼叶长而弯曲，呈新月形，后端靠近头鞍，固定颊狭窄，活动颊具有较强的颊刺。面线前支向前扩张，与头鞍中轴线成45°～90°夹角。胸甲由11～17个胸节组成，轴叶突出，肋叶平整，肋沟、间肋沟显著，具肋刺。尾甲小，一节或两节（图5-8）。时代分布：寒武纪第二世（原早寒武世）（$\mathbb{C}_2$），距今大约5.2亿年。

图5-8　莱得利基虫

5.4.2　云南头虫（*Yunnanocephalus*）

虫体较小，背甲长卵形，前端宽圆，后端狭窄。头甲半圆形，头盖方形，头鞍向前收缩，面线位置靠近头甲两侧，固定颊宽，活动颊小而窄，无颊刺。胸甲

14 节，每一轴节具一个小刺瘤，可见肋沟、间肋沟，具肋刺。尾甲小，由两节并合而成。时代分布：寒武纪第二世（原早寒武世）（$\mathcal{C}_2$），距今大约 5.2 亿年（图5-9，图 5-10）。

图 5-9　云南头虫（1）

图 5-10　云南头虫（2）

5.4.3 球接子类三叶虫（Agnostida）

1. 美洲花球接子（*Lotagnostus americanus*）

虫体较小。头甲次圆形，头鞍显著，分三节，第一节近似五边形；基底叶（头鞍后侧部叶片状结构）较大，近三角形。颊部有不规则放射状沟纹；边缘前宽后窄。胸甲二节，胸部中轴与头鞍基底宽度相似，肋节末端向前弯曲。尾甲次圆形，后部圆；中轴宽，分三节；中轴边缘具背沟。边缘沟浅而宽（图5-11）。时代分布：寒武纪芙蓉世晚期（$\mathcal{C}_4^3$），距今大约4.9亿年。

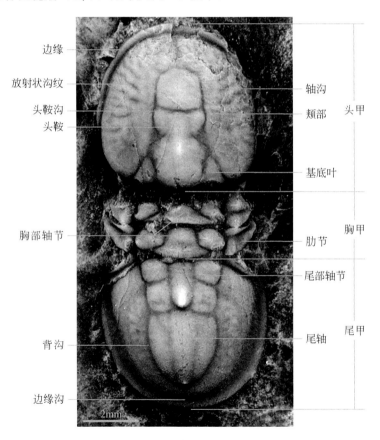

图 5-11　美洲花球接子

2. 网纹雕球接子（*Glyptagnostus reticulatus*）

虫体较小。全身遍布网格状沟纹。头甲半圆形，头鞍显著，分两节，第一节近似方形。胸甲二节，胸部中轴与头鞍基底宽度相似，肋节末端向前弯曲。尾甲中轴长，分三节；中轴边缘具背沟；轴部之后具一中沟（纵向）。边缘沟窄而深，边缘窄，具一对小边缘刺（图 5-12）。时代分布：寒武纪芙蓉世早期（$\mathrm{\unicode{0220C}}_4^1$），距今大约 5.0 亿年。

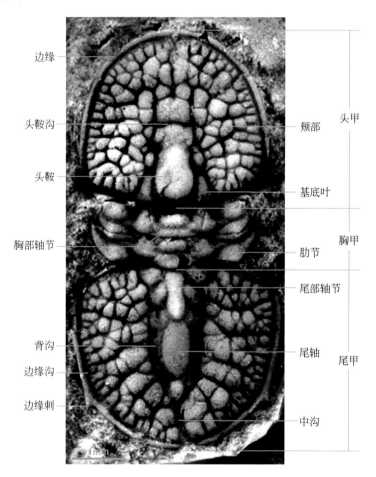

图 5-12　网纹雕球接子

5.4.4　叉尾虫（*Dorypyge*）

　　尾甲标本显示尾轴高凸，两侧近平行，后端圆润；肋沟显著，具六对尾刺，其中第五对最长，第六对最短（图 5-13）。时代分布：寒武纪苗岭世（原中寒武世）（$\mathrm{\unicode{0220C}}_3$），距今大约 5.1 亿年。

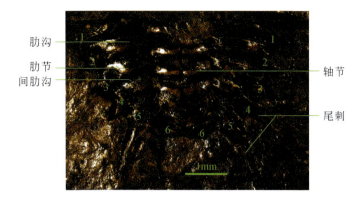

肋沟
肋节
间肋沟
轴节
尾刺

图 5-13 叉尾虫

5.4.5 蝙蝠虫（*Drepanura*）

尾甲标本形似蝙蝠，故得名蝙蝠虫。尾轴窄短，具一对强大的镰状前肋刺，其间为次生刺（图 5-14）。时代分布：寒武纪苗岭世晚期（原晚寒武世早期）（$\mathbb{C}_3^3$），距今大约 5.0 亿年。

尾轴
次生刺
前肋刺

图 5-14 蝙蝠虫

5.4.6 蝴蝶虫（*Blackwelderia*）

尾甲标本形似蝴蝶，故得名蝴蝶虫。尾轴锥形，末端变小，具四个轴节及一个末节；侧刺发育，大小基部一致，一般具七对尾刺（图 5-15）。时代分布：寒武纪苗岭世晚期（原晚寒武世早期）（$\mathbb{C}_3^3$），距今大约 5.0 亿年。

图 5-15　蝴蝶虫

5.4.7　南京三瘤虫（*Nankinolitus*）

头甲多单独保存，强烈凸起；头鞍棒状，具三对头鞍沟，后两对较明显。颊部未见眼和眼脊。头部典型特征为饰边，分为一个凹陷的内边缘和一个略微凸起的颊边缘，内边缘的陷坑呈辐射状排列；颊边缘的小陷坑在前部作辐射状排列，在侧部呈不规则的交错排列（图 5-16）。时代分布：晚奥陶世（O_3），距今大约 4.6 亿年。

图 5-16　南京三瘤虫

5.5　思　考　题

（1）试述三叶虫背甲的基本构造。

（2）试述各地史时期的三叶虫主要属种及其形态特征。

蝴 蝶 虫

可是海百合①的芬芳，
弥漫于古生代的长空？
可是昆明鱼②的艳丽，
灿烂于寒武纪的海中？
引来无数蝴蝶，
翩翩起舞，
留下如此美丽的身影？

其实啊，
五亿多年前，
你只能在海里游泳，
蝴蝶状的双翅，
只是你尾部的造型，
你是庞大的三叶虫家族的一支，
你有众多相貌相近的弟兄，

浪漫的古生物学家，
一定是深深地爱上了你啊，
给你取了如此美妙的名字——
蝴-蝶-虫。

作为回报，
你能否告诉他，
你的来龙去脉，
你的生活环境？

亿万年的时空阻隔，
也隔不断啊，
隔不断，
人类对生命历史的，
追踪……

蝙 蝠 虫

昼伏夜出，
觅食昆虫，
这是人们熟知的，
现代蝙蝠的生活习性。

可是，五万万年前，
在寒武纪的天空，
会飞的虫子还没有出现③，
猎虫的蝙蝠又怎么谋生？

动物还没有登陆④，
飞翔更是一个遥远的美梦⑤。

你呀，
你只是蝙蝠形的海虫，
也是三叶虫家族的一支，
在寒武海底爬行，
你与蝴蝶虫为伴，
你与德氏虫称兄⑥。

---

① 海百合（Crinoidea）是一种始见于寒武纪早期（距今大约5.14亿年，云南关山生物群）的棘皮动物，生活在海里，具多条腕足，身体呈花状，表面有石灰质的壳，由于长得像植物，人们就给它们起了海百合这么个植物的名字。

② 昆明鱼（Myllokunmingia）是所有鱼类的祖先，也是脊椎动物的始祖，生存于寒武纪早期（距今大约5.18亿年，云南澄江生物群）的中国云南澄江市帽天山地区。它长约2.8cm，高约6mm。

③ 据古生物学研究，有翅目昆虫最早出现于泥盆纪（距今大约4.2亿年）。

④ 动物登陆是在晚泥盆世（距今大约3.8亿年），著名的鱼石螈就是最早的四足两栖类动物，化石发现于格陵兰泥盆纪晚期的地层中。

⑤ 蝙蝠属于翼手目，繁盛于新生代（大约0.66亿年前到现在），我国辽宁侏罗纪（距今大约2.0亿年）地层中发现的远藤兽大约是其最早的祖先类型。

⑥ 蝴蝶虫、德氏虫都是寒武纪中晚期常见的三叶虫类型。

6   半索动物——以笔石为例

半索动物（Hemichordata）是无脊椎动物中的一个高级门类，属于后口动物。其个体大小不一，从 2cm 到 250cm 不等，现生的半索动物分为肠鳃纲（Enteropneusta）和羽鳃纲（Pterobranchia）。笔石（Graptolite）是一类灭绝了的海生群体类型，多保存为压扁了的碳质薄膜，很像铅笔在岩石层上书写的痕迹，因此被称为"笔石"。笔石动物营底栖固着或漂浮生活，最早出现于寒武纪苗岭世（原中寒武世，距今约 5.1 亿年），历经近两亿年，至石炭纪密西西比亚纪（原早石炭世，距今约 3.2 亿年）全部绝灭，是一种很好的标准化石。部分种类的笔石能形成笔石页岩相，是一类很好的指相化石。有关笔石动物分类的争议较多，但多数认为其属于半索动物，或者是与半索动物亲缘关系密切的一个独立门。本书将笔石动物放在半索动物门内叙述，认为其属于半索动物门笔石纲，下分八个目，其中树形笔石目和正笔石目化石较多，特别是后者，进化快，分布广，对奥陶系和志留系的划分和对比有重要作用。

6.1   实 习 要 求

（1）掌握笔石动物硬体基本构造。
（2）掌握树形笔石目、正笔石目特征。
（3）掌握笔石的主要化石代表特征及时代。

6.2   基 本 构 造

6.2.1   胎管

胎管是第一个个体分泌的外壳，是笔石发育的基础（图 6-1）。分为两部分，即原胎管（也称基胎管，近尖端部分）和亚胎管（近口端部分）。在亚胎管的一侧由管壁中生出一条直的胎管刺，另一侧胎管口缘延伸形成口刺。自原胎管沿反口方向伸出的长而纤细的线状管，为线管。芽孔位于原胎管（树形笔石和部分正笔石）或亚胎管（大部分正笔石）上。第一个胞管从胎管腹侧的芽孔生出。

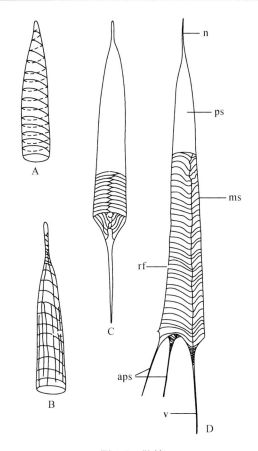

图 6-1 胎管

A，B. 原胎管的发育；C. 亚胎管的发育和胎管刺的形成；D. 发育完全的胎管；aps. 口刺；ms. 亚胎管；n. 线管；
ps. 原胎管；rf. 芽孔；v. 胎管刺（据 Bulman，1970）

6.2.2 胞管

胞管是笔石体的外壳，是笔石鉴定的主要依据，有 10 种常见类型（图 6-2）。

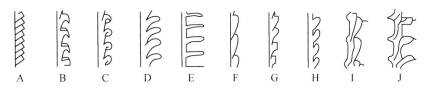

图 6-2 正笔石类的胞管形状和形态类型

A. 均分笔石式；B. 单笔石式；C. 卷笔石式；D. 半耙笔石式；E. 耙笔石式；F. 纤笔石式；G. 栅笔石式；H. 叉
笔石式；I. 瘤笔石式；J. 中国笔石式（引自童金南等，2021）

6.2.3 笔石枝

许多胞管构成笔石枝，在一个笔石枝上，胞管口所在的一侧为腹侧，与之相反的一侧为背侧。正笔石类在笔石枝背部许多胞管的始端互相连通的部分，称为共通管（沟）。笔石枝形成分枝有两种方式：正分枝和侧分枝。正分枝是指两枝的方向与原来枝之间所夹的角度相等，互相对称。侧分枝是指一枝沿原来枝的方向生长，另一枝从侧旁生出，因而有主枝和侧枝的区别（图6-3）。

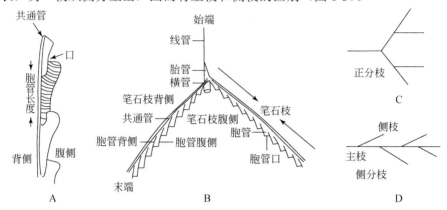

图6-3 正笔石类的胞管生长模式（A）、笔石枝构造（B）及分枝方式（C，D）

（引自童金南等，2021）

正笔石类的笔石枝生长方向各有不同，以胎管尖端向上，口部向下为准。按照分散角（两个笔石枝腹侧的交角）可以由大到小依次分为七种形式：上攀式、上斜式、上曲式、平伸式、下曲式、下斜式、下垂式（图6-4）。

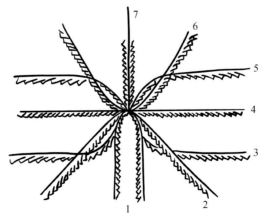

图6-4 笔石枝的分散角

1. 下垂式；2. 下斜式；3. 下曲式；4. 平伸式；5. 上曲式；6. 上斜式；7. 上攀式（引自Moore et al.，1952）

6.2.4 笔石簇

在一个浮胞上的许多笔石体（图6-5）称为笔石簇。

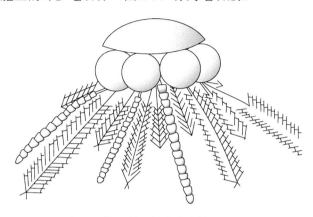

图6-5 笔石簇（据童金南等，2007）

6.2.5 树形笔石目

笔石体树状或丛状，一般为固着生活，少数为漂浮生活。具有三种胞管，即茎胞管（在笔石体背部互相连接，不对外开口）、正胞管（一般较大，简单直管形，对外开口）和副胞管（较小，形状变化，对外开口）。各代茎胞管以坚硬的芽茎相连，芽茎前后相接形成具几丁质的茎系。第一胞管生自基胎管。笔石体的分枝很多，规则（均分）或不规则，枝间有时具有连接物，称为横耙。胎管上常有类根构造。生活于寒武纪苗岭世（原中寒武世，距今约 5.1 亿年）至石炭纪密西西比亚纪（原早石炭世，距今约 3.2 亿年）。

6.2.6 正笔石目

笔石体具浮胞或固着于其他浮游物体上面，由定数的笔石枝组成。笔石枝下垂至上攀生长，胞管单列、双列或四列，仅有一种胞管，即正胞管。胞管由亚胎管一侧出芽生长（绝大部分）。生活于早奥陶世至早泥盆世（距今大约 4.9 亿～3.9 亿年）。依据中轴的有无及发育特点，分为三个亚目：无轴亚目、隐轴亚目及有轴亚目，亚目之下又根据笔石体的分枝及枝数、发育方式、胞管的形态等分为若干科。

6.3 观 察 内 容

筆石動物個体微小，多以碳质薄膜或不太清楚的印模化石保存，最好用体视显微镜观察。

实际观察标本之前一定要通过图件和模型了解清楚笔石的胎管、胞管、笔石枝和笔石体（由笔石枝构成，一到数十枝不等）的概念。

观察树形笔石目标本时应注意笔石体的形状，分枝是否规则，以及枝与枝之间是否有连接构造。

观察正笔石目标本时应注意笔石枝特征，观察笔石枝的生长方向，注意分枝类型和级数，仅为单枝者应观察胞管列数。

观察胞管形态：正胞管形态类型多达 10 种（图 6-2）。

6.4 实 习 内 容

6.4.1 无羽笔石（*Callograptus*）

笔石枝为正分枝，各枝平行或近平行，横耙少或无，正胞管为直管状（图 6-6）。时代分布：寒武纪芙蓉世（原晚寒武世）—石炭纪密西西比亚纪（原早石炭世）（Є_4–C_1），距今大约 5.0 亿～3.2 亿年。

图 6-6 无羽笔石

6.4.2　四笔石（*Tetragraptus*）

笔石体由四个枝攀合而成，横切面十字形，笔石枝由下垂到上斜，正分两次，四个主枝，胞管直管状（图6-7）。时代分布：早奥陶世（O_1），距今大约4.9亿年。

笔石枝

胞管

分散角

腹侧

背侧

图 6-7　四笔石

6.4.3　对笔石（*Didymograptus*）

笔石体两边对称，只有两个不再分的枝，两枝下垂至上斜，胞管为直管状（图6-8、图 6-9）。时代分布：早奥陶世—中奥陶世（O_1-O_2），距今大约 4.9 亿~4.6亿年。

背侧

共通管

腹侧

胞管

分散角

图 6-8　对笔石（平伸式）

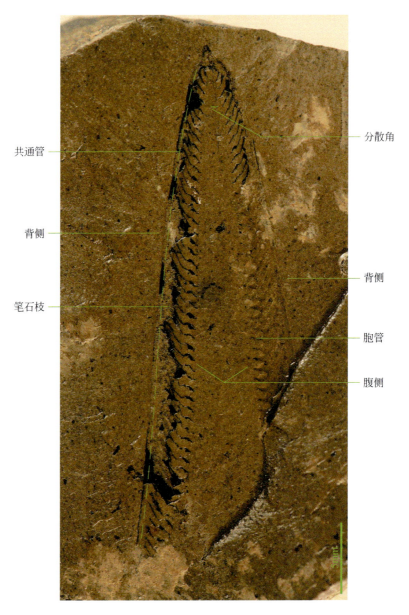

共通管

背侧

笔石枝

分散角

背侧

胞管

腹侧

图 6-9　对笔石（下垂式）

6.4.4 栅笔石（*Climacograptus*）

笔石体直，双列胞管，胞管强烈弯曲，腹缘呈 S 形，形成方形口穴，即栅笔石式胞管（图 6-10）。时代分布：早奥陶世—志留纪兰多维列世（原早志留世）（O_1–S_1），距今大约 4.9 亿～4.3 亿年。

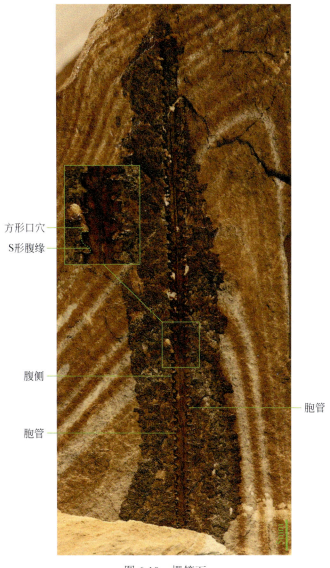

方形口穴

S形腹缘

腹侧

胞管

胞管

图 6-10 栅笔石

6.4.5 单笔石（*Monograptus*）

笔石枝直或微弯曲，胞管口部向外弯曲，呈钩状或壶嘴状（图6-11），可见共通管。时代分布：志留纪兰多维列世（原早志留世）—早泥盆世（S_1–D_1），距今大约4.4亿～3.9亿年。

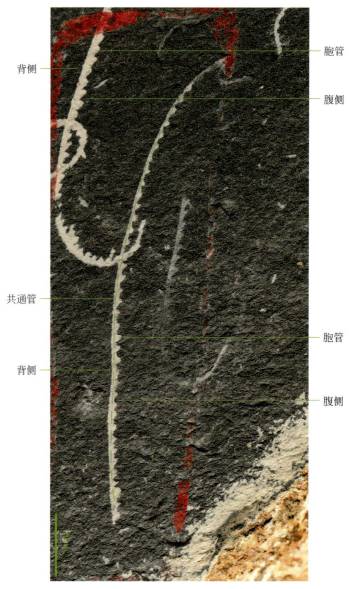

图6-11 单笔石

6.4.6　耙笔石（*Rastrites*）

笔石体弯曲，钩状，非常纤细，胞管孤立没有掩盖，胞管倾角大，与轴部近于直立（图 6-12）。时代分布：志留纪兰多维列世（原早志留世）（S_1），距今大约 4.4 亿年。

腹侧

胞管

背侧

图 6-12　耙笔石

6.4.7 锯笔石（*Pristiograptus*）

笔石枝直或微弯曲，胞管单列，为简单的直管状（图 6-13），可见共通管。时代分布：志留纪（S），距今大约 4.4 亿～4.2 亿年。

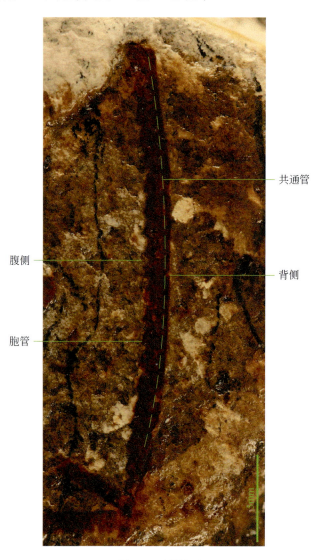

共通管

背侧

腹侧

胞管

图 6-13　锯笔石

6.5 思 考 题

（1）观察绘制各属笔石，并标注其基本构造。
（2）试述笔石的演化阶段及时代分布。

笔　石

什么鸟儿的羽毛①
落入奥陶纪的海洋②
以至于两百年前
欧洲的古生物学家
认定，亿万年前的岩石
印上了羽毛笔的模样
笔石的名字
就这样
被很多人叫响

这是一类古老的生命
中寒武世兴
早石炭世亡
奥陶纪——
它最为兴旺

它们群体生活

胞管为房③
早期的笔石
大家族的模样
树枝形的居群④
世代同堂
奥陶纪开始分家
四笔石、对笔石
纷纷亮相
到了志留纪
单笔石正式登场⑤

它们少数固守家园
多数随波漂荡⑥
世界各地
深海页岩那沉寂的环境
就成了流浪笔石
孤独的坟场⑦

① 一般认为，由于笔石保存状态是压扁了的碳质薄膜，很像铅笔在岩石层上书写的痕迹，因此才被科学家叫作"笔石"。但是，形体很小的、生活在平静的海洋中的笔石群体多呈羽毛状或锯齿状，它印在岩石上的印痕，其实很像欧洲人写字用的羽毛笔的样子。

② 笔石在奥陶纪（距今大约 4.9 亿～4.4 亿年）最为繁盛。

③ 笔石群体生活，每一个胞管就是一个个体生活的居室。

④ 笔石的主要演化阶段为树形笔石、无轴正笔石、隐轴笔石、双列有轴笔石，以及单列有轴笔石。树形笔石出现很早。

⑤ 奥陶纪以均分笔石、四笔石、对笔石等为主，到了志留纪（距今大约 4.4 亿～4.2 亿年）则主要为单笔石。

⑥ 根据化石保存的状态，共生动物的类别，以及笔石动物本身的骨骼构造推测：部分笔石营底栖固着生活，如大部分树笔石，有固定的茎、根等构造；大部分笔石营漂浮生活，如正笔石类具有线管（丝状体），可以附着于浮胞或挂在漂浮的物体上，并且化石分布广泛也是漂浮生活的证据。

⑦ 笔石常保存在黑色页岩中，这可能表明当时的沉积环境：海水较为平静，海底还原作用强，氧气不足，存在较多的硫化氢，不适宜底栖生物生存。以漂浮生活为主的笔石可在表层水体中生活，死后沉入水底；或者当笔石从正常水体漂浮到这种不宜生存的水体时，大量死亡沉入海底；由于底栖动物稀少，不会被吞食和破坏，故能很好地保存下来。于是大量保存于黑色页岩中的笔石化石成了很好的指相化石。

7 脊 椎 动 物

脊椎动物（Vertebrate）是脊索动物的一个亚门，具脊椎，数量多，结构复杂，进化地位高，由较为低等的无脊椎动物进化而来，最早出现于寒武纪第二世（距今大约 5.2 亿年），一直延续至今。脊椎动物又可进一步划分为鱼类（Pisces）、两栖动物（Amphibia）、爬行动物（Reptilia）、鸟类（Aves）和哺乳动物（Mammalia）等五大类。脊椎动物的演化第一步经历了颌骨的演变（鱼类），由早期的无颌类（半环鱼）逐步演化出了有颌类。颌的出现使动物体的主动攻击捕食成为可能，变被动为主动。后来，一部分鱼类分化并向陆地转移，逐步演化出了两栖类。随后，羊膜卵的出现使脊椎动物摆脱了对水环境的依赖，为它们向不同生态的广泛发展提供了条件，从此脊椎动物第一次成为真正的陆栖类别（爬行类）。从鸟类开始，脊椎动物演化史上再次出现一个飞跃——恒温。恒温使动物的新陈代谢过程在一个恒定的温度下进行，动物体机能进一步提高，也进一步摆脱了动物体对温暖环境的依赖。哺乳动物是动物界中最高等、机能最完善的一类，出现于中生代早期，经过中生代的发展，到新生代身体结构得到了进一步完善，是对环境的最适应者，在新生代成为地球上的统治者，所以新生代被称为"哺乳动物的时代"。

7.1 实 习 要 求

（1）了解脊椎动物各纲化石保存特点。
（2）通过观察化石标本理解脊椎动物各纲的演化关系。
（3）观察化石标本，了解脊椎动物各纲骨骼的主要特征和常见的化石类型。

7.2 基 本 构 造

7.2.1 脊椎动物椎体的类型

脊椎动物椎体的形态根据其前后凹凸变化分为四种类型（图 7-1）：①双凹型，椎体的两端凹入，是脊椎动物中最原始的椎体，鱼类、多数有尾两栖类和少数爬行类的椎体属此种类型；②前凹型，椎体前端凹入、后端凸出，两椎体间的关节较灵活，脊索有残存，但不连续，多数无尾两栖类、部分爬行类具此种椎体；

③后凹型，椎体前端凸出、后端凹入，少数两栖类和大部分爬行类具此型椎体；④无凹型，又称双平型，椎体前后两端扁平，椎间盘中央有脊索的残存，哺乳类特有此种类型椎体。

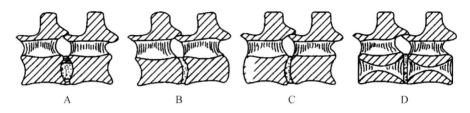

图 7-1　脊椎动物椎体的类型

A. 双凹型；B. 前凹型；C. 后凹型；D. 无凹型（引自童金南等，2007）

7.2.2　鱼类尾鳍的类型

鱼类的尾鳍构造变化很大，主要分为三种类型（图 7-2）：①歪型尾，常见于软骨鱼和鲟类，脊柱尾端向上弯，伸入到尾鳍上叶，尾鳍上下两叶不对称；②圆型尾，见于多鳍鱼类、现代肺鱼类和空棘鱼类，脊柱尾端平直，将尾鳍平分为上下对称的两叶；③正型尾，见于真骨鱼类，脊柱尾端向上弯，但仅达尾鳍基部，尾鳍的外形上下两叶是对称的，但内部不对称。

7.2.3　哺乳类的牙齿

哺乳类齿型分化，称异型齿，即分化为门齿（incisor）、犬齿（canine）、前臼齿（premolar）和臼齿（molar）。齿型和齿数在同一种类稳定，对于哺乳动物的分类学有重要意义。在研究中，通常以相应齿型的英文单词首字母加数字的形式表示各个位置的牙齿，大写表示上牙，小写表示下牙，例如 P/p1 表示第一上/下前臼齿，依次类推。

齿式：一侧牙齿的数目。用一定的数学式子表示哺乳动物牙齿的数目和分化，由于对称的缘故，只表示一半即可。计算公式（左）及举例如下：

$$\frac{ICPM}{icpm}\times 2 \qquad 人:\frac{2123}{2123}\times 2=32 \qquad 鼠:\frac{1003}{1003}\times 2=16$$

7.2.4　哺乳类的臼齿和头骨

本章涉及的几种哺乳类的臼齿及头骨构造参见图 7-3—图 7-7。

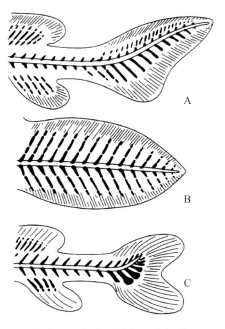

图 7-2　鱼类尾鳍的三种类型

A. 歪型尾；B. 圆型尾；C. 正型尾（引自童金南等，2021）

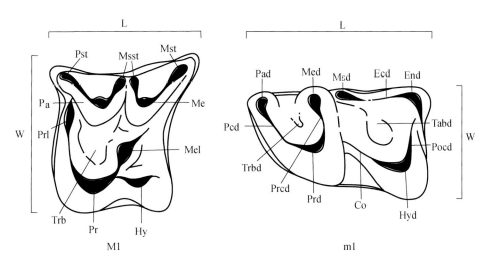

图 7-3　鼬科臼齿模式构造及测量方法（引自邱铸鼎，1996）

Co. 斜脊；Ecd. 下内脊；End. 下内尖；Hy. 次尖；Hyd. 下次尖；L. 长度；Me. 后尖；Med. 下后尖；Mel. 后小尖；Msd. 下后附尖；Mst. 后附尖；Msst. 中附尖；Pa. 前尖；Pad. 下前尖；Pcd. 下前脊；Pocd. 下后边脊；Pr. 原尖；Prcd. 下原脊；Prd. 下原尖；Prl. 原小尖；Pst. 前附尖；Tabd. 下跟凹；Trb. 齿凹；Trbd. 下齿凹；W. 宽度

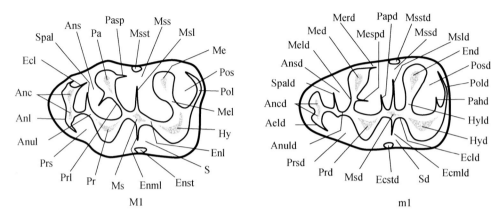

图 7-4　仓鼠科通用臼齿构造模式图（引自邱铸鼎、李强，2016）

Aeld. 下前外脊；Anc. 前边尖；Ancd. 下前边尖；Anl. 前边脊；Ans. 前边谷；Ansd. 下前边谷；Anul. 前小脊；Anuld. 下前小脊；Ecl. 外脊；Ecld. 外脊；Ecmld. 下外中脊；Ecstd. 下外附尖；End. 下内尖；Enl. 内脊；Enml. 内中脊；Enst. 内附尖；Hy. 次尖；Hyd. 下次尖；Hyld. 下次脊；Me. 后尖；Med. 下后尖；Mel. 后脊；Meld. 下后脊；Merd. 下后尖嵴；Mespd. 下后尖刺；Ms. 中尖；Msd. 下中尖；Msl. 中脊；Msld. 下中脊；Mss. 中间谷；Mssd. 下中间谷；Msst. 中附尖；Msstd. 下中附尖；Pa. 前尖；Pahd. 下次尖后臂；Papd. 下原尖后臂；Pasp. 前尖后刺；Pol. 后边脊；Pold. 下后边脊；Pos. 后边谷；Posd. 下后边谷；Pr. 原尖；Prd. 下原尖；Prl. 原脊；Prs. 原谷；Prsd. 下原谷；S. 内谷；Sd. 下外谷；Spal. 前小脊刺；Spald. 下前小脊刺

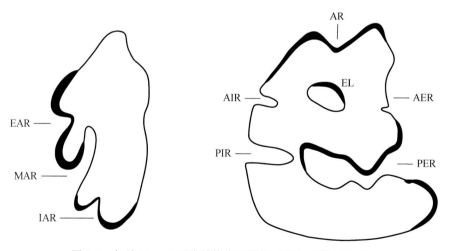

图 7-5　兔科 P2、p3 牙齿结构术语图解（引自王薇，2009）

EAR. 外前褶沟；MAR. 主前褶沟；IAR. 内前褶沟；AR. 前褶沟；AIR. 前内褶沟；AER. 前外褶沟；PER. 后外褶沟；PIR. 后内褶沟；EL. 釉岛

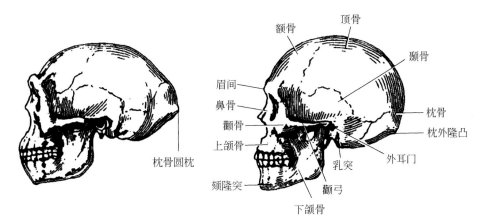

图 7-6 北京直立人（左）与现代人（右）头骨的比较（侧面观）（引自童金南等，2007）

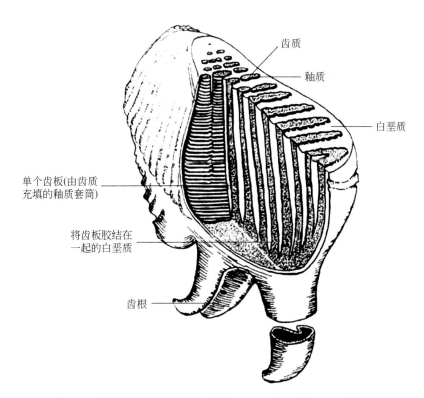

图 7-7 真象颊齿结构示意图（引自 Mol and van Essen，1991）

7.3 观察内容

观察鱼纲、爬行纲和哺乳纲常见化石，并熟悉其基本特征。

7.4 实习内容

选取常见的古脊椎动物化石标本 15 个属种，涉及鱼类（狼鳍鱼）、爬行类（恐龙骨骼）、哺乳类（食虫类、啮齿类、兔形类、灵长类、食肉类、长鼻类、奇蹄类、偶蹄类等），其分类位置如下：

脊索动物门 Phylum Chordata

脊椎动物亚门 Subphylum Vertebrata

硬骨鱼纲 Osteichthyes

狼鳍鱼目 Lycopteriformes

狼鳍鱼科 Lycopteridae

7.4.1 狼鳍鱼属 *Lycoptera*

爬行纲 Reptilia

鸟臀目 Ornithischia

鸭嘴龙科 Hadrosauridae

山东龙属 *Shantungosaurus*

7.4.2 巨型山东龙 *Shantungosaurus giganteus*

哺乳纲 Mammalia

食虫目 Insectivora

猬科 Erinaceidae

刺猬属 *Erinaceus*

7.4.3 普通刺猬 *Erinaceus europaeus*

啮齿目 Rodentia

仓鼠科 Cricetidae

仓鼠属 *Cricetulus*

7.4.4 长尾仓鼠 *Cricetulus longicaudatus*

兔形目 Lagomorpha

兔科 Leporidae

野兔属 *Lepus*

7.4.5 秦皇岛兔 *Lepus qinhuangdaoensis*

灵长目 Primates

类人猿亚目 Anthropoidea
  人猿超科 Hominoidea
   人科 Hominidae
    人属 *Homo*
     直立人 *Homo erectus*
      7.4.6 北京直立人 *Homo erectus pekinensis*
      7.4.7 蓝田直立人 *Homo erectus lantianensis*
      7.4.8 陈家窝直立人 *Homo erectus chenchiawoensis*
      7.4.9 大荔人 *Homo sapiens daliensis*
食肉目 Carnivora
  中鬣狗科 Percrocutidae
   巨鬣狗属 *Dinocrocuta*
    7.4.10 巨鬣狗 *Dinocrocuta gigantea*
长鼻目 Proboscidea
  真象科 Elephantidae
   古菱齿象属 *Palaeoloxodon*
    7.4.11 纳玛古菱齿象 *Palaeoloxodon namadicus*
奇蹄目 Perissodactyla
  马科 Equidae
    7.4.12 三趾马属 *Hipparion*
  犀科 Rhinocerotidae
   大唇犀属 *Chilotherium*
    7.4.13 安氏大唇犀 *Chilotherium anderssoni*
偶蹄目 Artiodactyla
  牛科 Bovidae
   羚羊属 *Gazella*
    7.4.14 高氏羚羊 *Gazella gaudryi*
   水牛属 *Bubalus*
    短角水牛 *Bubalus brevicornis*
     7.4.15 关中短角水牛 *Bubalus brevicornis guanzhongensis*

7.4.1 狼鳍鱼属（*Lycoptera*）

身体长梭形（见图 7-8）。头大，顶骨大。眼大，鳃盖骨完整，长方形。上下颌具小而尖锐的牙齿。一般背鳍与臀鳍相对，胸鳍长大。鳞片小，为近圆形的骨鳞。正型尾（见图 7-2）。双凹形脊椎（见图 7-1）。分布于我国华北、西北。时代为晚侏罗世—早白垩世（J$_3$–K$_1$），距今大约 1.6 亿～1.0 亿年。

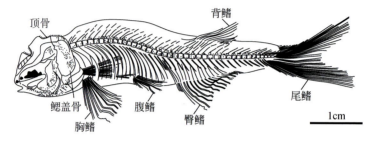

图 7-8　狼鳍鱼（标本保存于西北大学地质学系 318 室，产自辽宁凌源）

7.4.2　巨型山东龙（*Shantungosaurus giganteus*）

大型鸭嘴龙，嘴宽而扁，很像鸭喙（见图 7-9）。头骨长，顶面较平，头后部较宽。齿骨牙列长，有 60～63 个齿沟，牙前无牙齿部分较长（胡承志，2001）。前肢相对较小，后肢粗壮，趾间有蹼。尾巴长。分布于中国山东和陕西。时代为晚白垩世（K$_2$），距今大约 1.0 亿年。

图 7-9　巨型山东龙（产自陕西山阳晚白垩世地层，标本保存于西北大学博物馆，

西北大学李永项拍摄）

7.4.3 普通刺猬（*Erinaceus europaeus*）

第一、二上臼齿（臼齿，俗称磨牙，是人类和其他哺乳动物的一种牙齿。臼齿位于口腔后方，因上端扁平而且主要用来研磨和咀嚼食物而得名）呈方形，第二下前臼齿及臼齿的齿尖（牙齿的咬合面或切面上的锥形突起，特别是臼齿或前臼齿）发达，齿式为 3·1·3·3/2·1·2。下颌下缘略呈舒缓弧形，后部向上收缩；颏孔（下颌骨前外侧面的小孔，有颏血管及神经通过）位于前牙根下方，水平支中央，开口斜向前上方。两个颏孔，前颏孔大。第四上前臼齿（P4）下原尖和下后尖（见图 7-3。在下颌白齿三角形顶在外面，底边在内面。顶端一尖和底边二尖分别叫下原尖、下前尖和下后尖）之间以横脊相连，下后尖的位置比现生种更靠前（图 7-10）。生活于中国秦皇岛，中更新世晚期（距今大约 12.9 万年）。

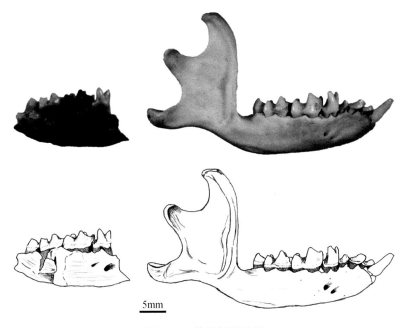

5mm

图 7-10 普通刺猬下颌

左图为化石标本，右图为现生标本（引自 Li et al., 2013；化石标本产自秦皇岛中更新世洞穴沉积物中）

7.4.4 长尾仓鼠（*Cricetulus longicaudatus*）

头骨背面视鼻骨超出门齿前缘；侧面视上门齿根部向外突出而使前颌骨和上颌骨相应部分鼓起，从而形成一嵴状隆起，在嵴状隆起与鼻骨之间形成一条浅凹；腹面视门齿孔（指容纳门齿齿根的孔）窄长，前颌骨-上颌骨缝线从其靠前三分之一处横过。下颌下缘从隅突根部位置开始以一圆弧形向前伸展。颏孔椭圆形，位于第一下臼齿（m1）前根（指臼齿靠前的齿根）前下方或臼齿前缘水平起始处下方。上臼齿有成对的齿尖（牙齿的咬合面或切面上的锥形突起）。第一上臼齿（M1）三对尖，第二上臼齿（M2）和第三上臼齿（M3）两对尖，M1 最大，M3 最小（图7-11）。生活于秦皇岛，中更新世晚期（距今大约 12.9 万年）。

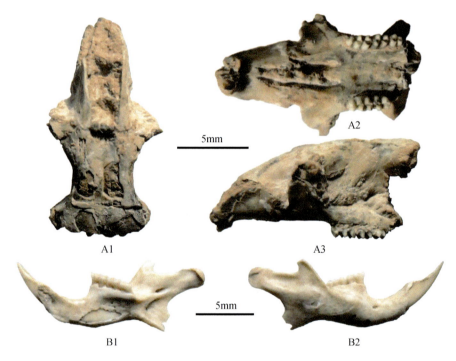

图 7-11 长尾仓鼠头骨及下颌（引自谢坤、李永项，2016；产自秦皇岛中更新世洞穴堆积）

A1. 背面视；A2. 腹面视；A3. 侧面视；B1. 舌侧视；B2. 颊侧视

7.4.5 秦皇岛兔（*Lepus qinhuangdaoensis*）

眶上突（出现在眼眶上缘的骨质缺口）具前支，后支发育；顶间骨（在顶骨和枕骨交界处正中，夹在两块顶骨之间的一块三角形骨片）与上枕骨（位于顶骨后方，枕骨大孔上方的一块骨）至成体愈合；下颌骨较平直，下门齿后端位于第三下前臼齿（p3）前下方；第二下前臼齿（p2）具有三条前褶沟；p3 的后外褶沟可深达内侧齿缘甚至贯通（图 7-12，图 7-13）。

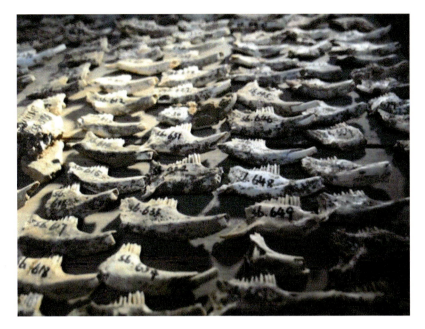

图 7-12　秦皇岛兔类下颌（引自王薇，2009）

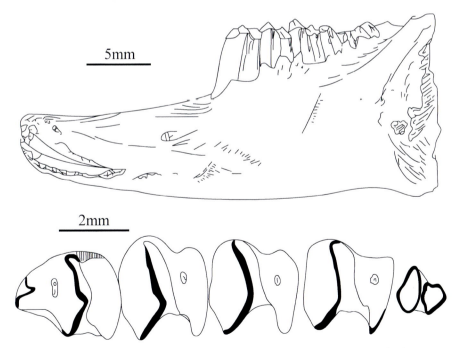

图 7-13　秦皇岛兔下颌（引自王薇等，2010；产自秦皇岛中更新世洞穴堆积）

上图为左下颌骨唇侧视；下图从左至右为 p3 至 m3 冠面视

该种以其个体小，p3 后外褶沟深达内侧齿缘或贯穿整个齿冠面，部分标本 p3 具有釉岛及前内褶沟等特征区别于其他已知种。它是迄今为止所知的体形最小的野兔。生活于秦皇岛，中更新世晚期（距今大约 12.9 万年）。

7.4.6 北京直立人（*Homo erectus pekinensis*）

头骨低矮，额骨低平，眉嵴（眼眶上突出呈弓状的骨质嵴）粗厚，一字形，矢状嵴（出现在颅骨穹隆部沿正中矢状方向分布在额骨，有时延及顶骨的脊状骨质隆起）发育，头骨骨壁厚，枕部枕骨圆枕（出现在枕骨的横行条状骨质隆起，是直立人的标志性特征，将枕骨分隔为上下两部分，并以角度相交）发达，横贯整个枕骨（图 7-14）。脑容量从 915mL 到 1225mL 不等，平均为 1088mL（引自 Rightmire，2004；刘武等，2014；童金南等，2021），下颌孔多，无颏隆凸（见图 7-6，下颌骨分为一个下颌体和两个下颌支。体有内、外两面和上、下两缘，下缘称下颌底，上缘称牙槽缘；外面正中隆凸称颏隆凸，隆凸的两侧各有一颏孔）。生活于北京周口店，更新世中期（距今大约 69 万年）。

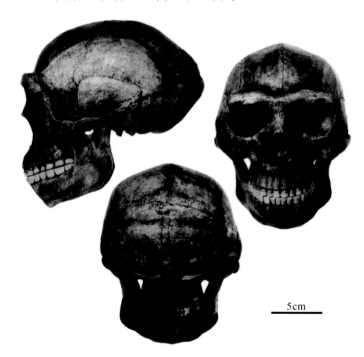

5cm

图 7-14 1937 年重建的女性北京直立人头骨（引自 Weidenreich，1943）

7.4.7 蓝田直立人（*Homo erectus lantianensis*）

眉嵴粗壮，眶后缩窄，头骨骨壁厚，脑容量小（780mL），标本为大约 40 岁女性（图 7-15）。生活于陕西蓝田公王岭，早更新世（距今大约 115 万年）。

7.4.8 陈家窝直立人（*Homo erectus chenchiawoensis*）

下颌孔多，无颏隆凸，智齿缺失，第二臼齿大于第一臼齿（图 7-15）。生活于陕西蓝田陈家窝，中更新世早期（距今大约 65 万年）。

图 7-15　蓝田猿人复原头骨（左为蓝田直立人，右为陈家窝直立人；引自刘武等，2014）

7.4.9 大荔人（*Homo sapiens daliensis*）

头骨粗硕，骨壁厚，眉嵴厚重，八字形（图 7-16）。生活于陕西大荔，中更新世（距今大约 30 万～25 万年）。

图 7-16　大荔人头骨模型（引自吴新智，2020；产自陕西大荔中更新世沙砾层中，模型保存于西北大学博物馆及地质学系古脊椎陈列室）

7.4.10 巨鬣狗（*Dinocrocuta gigantea*）

大型食肉类，前臼齿硕壮，上臼齿退化，上、下第三门齿趋向扩大（图 7-17）。生活于陕西府谷，晚中新世（距今大约 550 万年）。

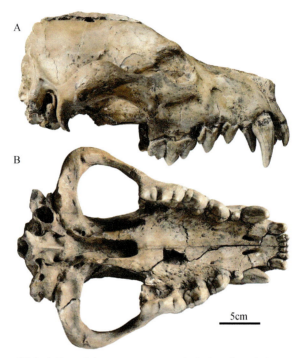

图 7-17 巨鬣狗头骨（引自 Xiong，2019；产自陕西府谷晚中新世红土层）

A. 侧面视；B. 腹面视

7.4.11 纳玛古菱齿象（*Palaeoloxodon namadicus*）

头骨高，穹形，有强大的额部突起，颅顶骨宽，鼻骨宽。前颌骨宽，并向下伸长。大牙比较直，末端轻微向上、向内弯。臼齿齿板（在牙釉质形成之前，口腔黏膜上皮呈板伏增殖，垂直地伸入间层，称为齿板。见图 7-7）很紧密地平行排列，齿板的"中尖突"发育不全或缺失。釉质（又称珐琅质，为牙齿外露部分之白色致密而非常坚硬的物质，其实质为羟磷灰石的钙化性外被，起覆盖和保护牙齿的作用。见图 7-7）薄，呈波浪式褶皱（图 7-18）。生活于华北，晚更新世（距今大约 12.9 万年）。

图 7-18　纳玛古菱齿象（*Palaeoloxodon namadicus*）左上第三臼齿
（产自陕西高陵晚更新世晚期沙砾层，谢坤 2021 年拍摄）

7.4.12　三趾马属（*Hipparion*）

脊型齿（有蹄类动物的研磨面上具有一些横向脊的臼齿），原尖（哺乳动物上臼齿前内侧的齿尖）孤立，珐琅质褶皱强烈。图 7-19 标本产自陕西蓝田，晚中新世（距今大约 530 万年）。

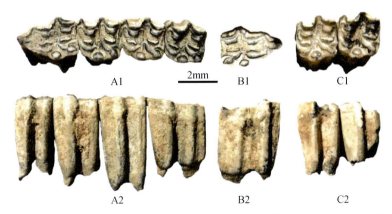

图 7-19　三趾马未定种（*Hipparion* sp.）上颊齿（引自李永项等，2015；产自陕西蓝田晚中新世地层）

A1，A2. 左 P2–M1；B1，B2. 右 P2；C1，C2. 左 P4–M1：A1，B1，C1. 嚼面视；A2，B2，C2. 唇侧视

7.4.13 安氏大唇犀（*Chilotherium anderssoni*）

身体中等大小。短头型，前颌骨（上颌最前端的一对骨片）短而薄。上门齿缺失，下门齿大，向上外方伸出。前臼齿近于臼齿化，臼齿为高冠齿（适应粗纤维食物对牙齿的快速磨损的牙齿；一般指齿冠高度大于齿根高度的牙齿，如马和某些啮齿类的颊齿；在反刍类中高冠齿指齿冠高度和牙齿长度之比大于 1.2），外脊（上颊齿外侧由前尖和后尖联合形成的脊）延长，下颌联合（下颌体外侧面正中线上部的一个微嵴）处横向扩展，肢骨短粗。脊型齿，上颌的前臼齿与臼齿齿冠呈 π 字形，下颌的前臼齿与臼齿齿冠呈两个 V 形（图 7-20）。本属主要分布于欧亚大陆的中新世—上新世（距今大约 2303 万～258 万年）。

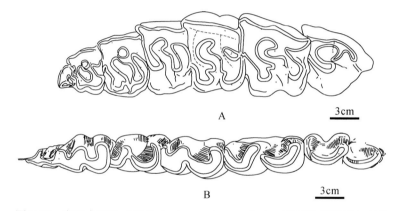

图 7-20 安氏大唇犀（*Chilotherium anderssoni*）上、下颌的前臼齿与臼齿

A. 上牙；B. 下牙（据《中国脊椎动物化石手册》所绘制，虚线为 π 字形与 V 字形的示意；标本产自陕西府谷晚中新世地层，距今大约 550 万年）

7.4.14 高氏羚羊（*Gazella gaudryi*）

个体小或中等，头骨脸部缩短，通常变窄，脸部长度不超过颅部长度；齿隙（牙齿之间的空隙，尤其指草食性哺乳动物前边牙齿与颊部牙齿之间呈缺口状的空隙。如啮齿类的犬齿消失，在门齿和颊齿间形成一大的空隙）短，通常不超过颊齿（哺乳动物犬齿后的牙齿）列长度的 65%；眼眶明显向前方突出，通常雌雄两性都有角，角芯（牛、羊及多数羚羊等哺乳动物的角内部的骨质角芯）位于眶上，横切面椭圆形、无棱，向后弯曲，近于平行或向两边分开（图 7-21）。生活于中国西北、华北，晚中新世—更新世（距今大约 1163 万～1.17 万年）。

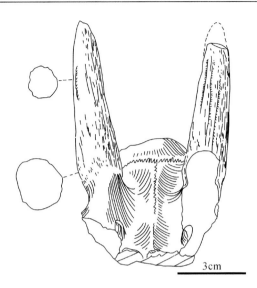

图7-21 高氏羚羊头骨（左侧圆圈为羚羊角的横切面；据《中国脊椎动物化石手册》；产自陕西府谷晚中新世地层，距今大约550万年）

7.4.15 关中短角水牛（*Bubalus brevicornis guanzhongensis*）

角芯向外微伸，但很快向后伸展，中等粗壮，横切面为弧形等腰三角形，基部窄；角面（指水牛角的上表面）与额骨面（指额骨的外表面）几近平行（图7-22）。顶骨长，枕部突出，枕髁（枕骨大孔下方两侧的卵圆形隆起，有光滑关节面与脊柱相关节）及乳突（从颞骨乳突部的底面突出的圆锥形突出）粗壮，后者弯曲，与圣水牛及短角水牛近似。生活于陕西关中，年代约为距今3959~4000年，全新世晚期。

图7-22 关中短角水牛头骨（引自Li et al.，2017；产自陕西高陵全新世中期沙砾层中）

7.5 思 考 题

（1）脊椎动物亚门各纲的分类特征如何？

（2）简述脊椎动物骨骼系统的主要组成及其主要特征。

（3）爬行纲常见的化石类型举例。

（4）简述哺乳纲牙齿的主要特征及其与食性的关系。

（5）简述哺乳动物角的类型与特征。

（6）人类进化可分为哪几个阶段？各阶段的进化特征、化石代表及地史分布如何？

巨型山东龙①

有人说山东是你的老家
最初的发现
就是在山东的诸城②
可是你的遗骨
却也埋到了陕南的秦岭
那时，秦鲁之间
应该没有高山险峰③
开阔的平原
起伏的丘陵
任你穿梭
任你驰骋
陕西的南部啊
也就有了你的行宫

据说，你体长个高④
也许四足并用⑤
嘴巴宽扁
一副唐老鸭的尊容

于是
鸭嘴龙⑥——
就成了你们这一科
在分类学上的
鼎鼎大名

你可曾看见 6500 万年前
那颗耀眼的灾星⑦？
你是如何长途跋涉
在中国大地千里横行？
你的同伴有谁？
你的食物茂盛？
你是恒温？变温？
你的血液是热？是冷⑧？
？？？
……　……
很多个问号啊
就藏在观众的眼中

---

① 本文发表于《化石》2015 年第一期：西北大学古脊椎动物博物馆一瞥。

② 巨型山东龙（*Shantungosaurus giganteus*）化石在 1964 年发现于山东省诸城。

③ 从古地理图上看，这一时期中国大陆地势差异并不很大，多数地区比较平坦，古秦岭并不多高，东部沿海有较大的海侵。

④ 巨型山东龙的正模标本，长 15m，高 8m，是迄今为止世界上最高大的鸭嘴龙。

⑤ 研究显示，巨型山东龙前肢相对较小，后肢粗壮，可能以两腿行走。虽然巨型山东龙所属的鸭嘴龙类是两足和半四足并用的，可是这个体重 8～30t 的大家伙能用两条腿走路实在有点不可思议。

⑥ 巨型山东龙属于鸟臀目恐龙。特点是嘴宽而扁，很像鸭喙。头骨长，顶面较平，头后部较宽，齿骨牙列较长。

⑦ 关于恐龙绝灭，有多种假说。其中小行星撞击说流传最广，得到大多数人的认可。这种假说认为在距今6500 万年，一颗小行星以每秒 40km 的速度撞击地球，引起地球环境发生灾难性变化，造成包括恐龙在内的许多生物完全灭绝。

⑧ 一般认为恐龙像其他爬行动物一样是冷血动物或变温动物，但是也有人提出，有些恐龙可能是温血动物或恒温动物。甚至有研究提出，在体重相关的生长与代谢速率的比较中，恐龙的数据大致位于恒温与变温两大动物类群之间，属于"中温动物"。

黄　河　象①

1976 年元月的一天
甘肃合水，黄河岸边
一只沉睡百万年的古象
走出地层
出现在人们的眼前
黄河象，黄河剑齿象
古生物学家
为你取名，为你作传
从此
你的故事开始流传
你的宗族真是兴旺
你的父兄到处游转
东方剑齿象、中国剑齿象
在上海的中药铺里
最早留名
榆社剑齿象、昭通剑齿象
在山西和云南
相继出现
它们是你的先辈
生活在上新世
距今已有五百万岁
你躺在早更新世的地层里
距今二百多万年

你是最完整的剑齿象个体
在化石发掘中十分少见
古生物学家为你面相

说你个大齿巨
白齿脱落
应该是年过百岁的老汉
当时的陇东没有这么多的黄土
是一片稀树、灌丛、草原
稀疏的橡树、桦树随风摇摆
茂盛的莎草、蒿草犹如绿色的地毯
蔷薇花多彩、野菊花金黄②
200 多万年前的陇东大地
树木葱茏，花草烂漫
黄河象就静静地躺在
一个牛轭湖边
据说
你可能不怎么吃草③
而吃树叶、树皮
甚至树根、树干
就像今天的
非洲象一般

古生物学家为你溯源
你的祖先来自于中国华北
你的后代把亚非走遍
三趾马曾经与你为伍④
骆驼、羚羊和你做伴
鼢鼠出没于草丛
鸵鸟奔跑于草原
还有啊
还有水里的鳖

————————

① Stegodon huangheensis，200 多万年前生活于黄河岸边的古象。本文发表于《化石》2015 年第一期：西北大学古脊椎动物博物馆一瞥。

② 研究资料显示，黄河象地层中植物群落孢粉的种类有：石松科、桦科、栎属、禾本科、莎草科、藜科、毛茛科、蔷薇科、豆科、蒿属、菊科，等等。

③ 据黄河象臼齿结构推测，它的食性与今天的非洲象相似：不太吃草，而吃树叶、树枝，甚至嫩的树干、树根。

④ 与黄河象共生的脊椎动物化石有中间原鼢鼠、板桥模鼠、似双峰驼、羚羊、长鼻三趾马、平额原脊象、安氏鸵鸟、鳖，等等。

就在你的身边
陕西旬邑有你的同门弟兄
渭南游河有你的宗室成员
二三百万年以前
辽阔的陕甘黄土高原
曾经是你王国的领地
这里草木茂盛

这里生机盎然……

黄河象啊
黄河岸边曾经的主人
在向人们叙说着
叙说着黄土高原
逝去的昨天

三 趾 马

三趾跑天下，
名气真个大①。
百万年前马祖宗②，
踏遍欧非亚③。

化石为证据，
演化做奇谈。
四趾三趾又单趾④，
跨过千万年⑤。

狼 鳍 鱼

头大、眼大、尾叉
原始、真骨、东亚
圆鳞正尾，双凹脊椎
牙齿锐小，胸鳍长大
侏罗－白垩的水族
保存精美如画
狼鳍鱼——
曾群游在中国北方的湖汊
肯定躲过了飞龙的捕猎
也许看见过恐龙打架
燕鸟在头顶悠闲地飞过
古果在岸边灿烂的开花
张和兽在银杏林中快跑
热河螈在尖山沟里慢爬
娇小的森林翼龙捕食飞虫

巨大的北票鲟鱼追逐游虾
叶肢介数量众多
拟蜉蝣三尾如叉……

也许是地震频繁
也许是火山喷发
大量的生物死亡
沉入湖底，埋藏石化
一层层火山灰
既蕴含着久远的年代信息
也珍藏了宝贵的生命霎那
有人撰文，有人作画
绘你图形，说你演化
鱼群千万条，伙伴一大家

① 三趾马 Hipparion，分布极为广泛的一类已绝灭的马，并且由于经常作为经典的进化实例而非常著名。
② 三趾马的生存年代主要为上新世（距今大约 530 万～260 万年）。
③ 三趾马化石大量发现于欧洲、亚洲、非洲和北美洲上新世地层中。
④ 始（新）马在开始进化之际，已经从原始哺乳类那里继承了前肢四个趾、后肢三个趾的特点。到（上）新马，前后肢均具三趾，进化至真马时前后肢仅剩一趾。
⑤ 从始新马至真马，马类的演化经历了五千多万年。

8 植　物

　　植物（Plants）是自然界中的主要生命形态之一，与动物的最根本区别在于能进行自养光合作用。植物可分为苔藓植物（Bryophyta）、蕨类植物（Pteridophyta）、裸子植物（Gymnospermae）、被子植物（Angiospermae）等。其中蕨类植物、裸子植物、被子植物较多保存为化石。蕨类植物是进化水平最高的孢子植物，存在维管组织的分化。根据孢子囊及其他特征，蕨类植物进一步划分为原蕨植物门、石松植物门、节蕨植物门和真蕨植物门等类群。最早出现于志留纪（距今大约 4.4 亿年），延续至今。裸子植物介于蕨类植物和被子植物之间，能产生种子（种子裸露，未被果皮包被），可进一步划分为种子蕨植物门、苏铁植物门、银杏植物门、松柏植物门、买麻藤植物门等。裸子植物最早出现于中、晚泥盆世（距今大约 3.9 亿年），延续至今。被子植物因胚珠被心皮所包被，种子又被果实包被而得名，是现今植物界最高级、最繁盛和分布最广的一个类群。根据种子内胚的子叶数目，被子植物可分为单子叶纲和双子叶纲。被子植物在早白垩世（距今大约 1.45 亿年）或者更早的时期出现，延续至今。古植物化石常保存为茎干或叶片形式。古植物在陆地生态领域开拓、陆相地层划分对比中起了很大的作用，也可用来恢复古大陆、古气候和古地理，同时还形成了诸多矿产。

8.1　实　习　要　求

　　（1）掌握植物化石的观察方法，认识常见古植物化石及其生态特征。
　　（2）掌握古植物主要分类系统、各门类的鉴定特征与地史分布，尤其是叶的形态和排列。

8.2　基　本　构　造

8.2.1　茎的分枝

　　二歧式：由枝的顶端一分为二产生新的枝条，有等二歧式和不等二歧式之分（图 8-1）。
　　侧出式：有明显主轴，两侧交错产生新的枝条（图 8-1）。

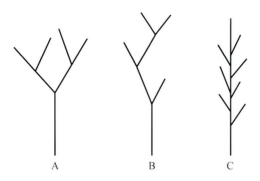

图 8-1　茎的分枝

A. 等二歧式；B. 不等二歧式；C. 侧出式

8.2.2　叶座

叶座是叶的膨大基部，是叶脱落后留在茎表面上的痕迹（图 8-2）。叶座形状是鉴定石松植物鳞木目化石的重要依据。

图 8-2　鳞木（*Lepidodendron*）叶座

8.2.3　单叶与复叶

叶柄上只有一个叶子的称为单叶，多叶片者称为复叶，复叶包括掌状复叶（叶轴退化，总叶柄顶端以放射状着生了许多有柄或无柄的小叶，排列如掌状）和羽状复叶（三枚以上的小叶排列在叶轴的左右两侧，呈羽毛状）（图8-3）。羽状复叶又因叶轴分枝的情况，可分为一回、二回、三回和多回羽状复叶等。

单叶　　　　　　　　掌状复叶　　　　　　　羽状复叶

图8-3　单叶与复叶

蕨叶叶体大，化石常不完整保存，分裂次数较难确定，因此描述化石时常从蕨叶末端来计算羽次，并在各羽次名称前加上"末"，羽状复叶各部分名称见图8-4。

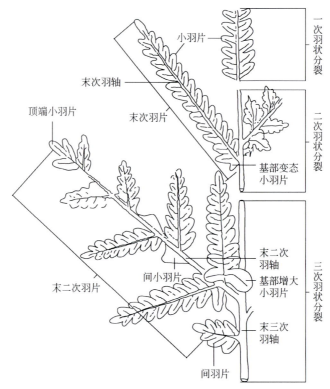

图8-4　蕨形叶羽状复叶（引自童金南等，2007）

小羽片是鉴别蕨叶的最基本单位，为羽状复叶的最小裂片单元，分布在末次羽轴上，但小羽片如果生长在末二次羽轴上，就称为间小羽片。

8.2.4　叶序

叶片在枝上的排列方式称为叶序，有互生、对生、轮生、螺旋排列等（图 8-5）。

互生　　　　　对生　　　　　轮生　　　　　螺旋排列

图 8-5　叶序（据童金南等，2007）

8.2.5　叶缘

叶缘即叶的外缘，根据完整程度分为全缘、锯齿、波状直至全裂等（图 8-6）。

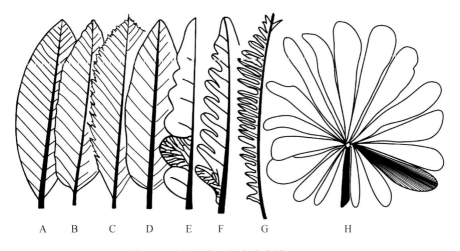

A　B　C　D　E　F　G　H

图 8-6　叶缘形态（据童金南等，2007）

A. 全缘；B. 锯齿；C. 重锯齿；D. 波状；E. 羽状浅裂；F. 羽状深裂；G. 羽状全裂；H. 掌状分裂

8.2.6 叶脉

叶脉是分布在叶片中的维管束，叶脉在叶片中排列的方式称为脉序，脉序有单脉、扇状脉、放射脉、平行脉、羽状脉等（图 8-7）。

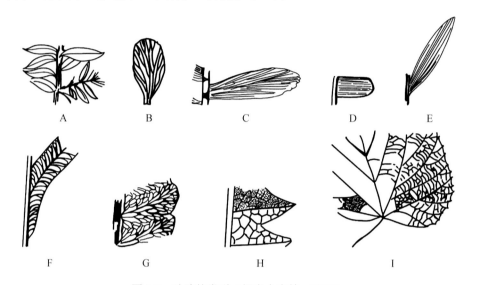

图 8-7　叶脉的类型（据童金南等，2007）

A. 单脉；B. 扇状脉；C. 放射脉；D. 平行脉；E. 弧形脉；F. 羽状脉及邻脉；G. 简单网脉；

H. 复杂网脉；I. 掌状脉

8.3　观　察　内　容

（1）对于以叶片形式保存的化石，注意观察叶的大小、形状、结构、叶序、叶缘、叶脉。

（2）对于以茎干形式保存的化石，着重观察茎干的节和节间，以及叶座结构。

8.4　实　习　内　容

8.4.1　鳞木（*Lepidodendron*）

茎干化石，具有叶座痕迹（图 8-2，图 8-8）。叶座多样，叶痕（叶脱落后在基部留下的痕迹）心形，其中央为维管束痕（叶柄中的维管束在叶脱落后留下的痕迹），两侧为通气道痕（起通气作用的薄壁细胞束留下的痕迹）。叶座上常有中脊和横纵纹。时代分布：石炭纪—二叠纪（C–P），距今大约 3.6 亿～2.5 亿年。在我国繁盛于石炭纪宾夕法尼亚亚纪中晚期（原晚石炭世）—早二叠世（C_2–P_1），在欧美繁盛于石炭纪密西西比亚纪—宾夕法尼亚亚纪早期（原早石炭世—晚石炭世早期）（C_{1-2}）。

图 8-8　鳞木

8.4.2　新芦木（*Neocalamites*）

茎干髓模化石，相邻节间的纵沟、纵肋相错，肋、沟均较细（图 8-9）。时代分布：三叠纪—中侏罗世（T–J_2），距今大约 2.5 亿～1.6 亿年。

图 8-9　新芦木

8.4.3 轮叶（*Annularia*）

叶轮生，每轮 6～40 枚，辐射排列，几乎在同一平面上，单脉，线形或倒披针形，长度几乎相等（图 8-10）。时代分布：石炭纪宾夕法尼亚亚纪（原晚石炭世）—二叠纪（C_2–P），距今大约 3.2 亿～2.5 亿年。

单脉

轮生叶

10mm

图 8-10 轮叶

8.4.4　枝脉蕨（*Cladophlebis*）

蕨叶为 2～4 次羽状复叶，小羽片长舌形或镰刀状，全缘，羽状脉，侧脉常分叉（图 8-11）。时代分布：二叠纪—白垩纪（P–K），距今大约 3.0 亿～0.66 亿年。

长舌形，叶缘全缘

羽状脉

分叉状侧脉

10mm

图 8-11　枝脉蕨

8.4.5　锥叶蕨（*Coniopteris*）

　　蕨叶 2～3 次羽状分裂，小羽片基部收缩，叶缘分裂，叶脉羽状（图 8-12）。时代分布：侏罗纪—早白垩世（J–K₁），距今大约 2.0 亿～1.0 亿年。

图 8-12　锥叶蕨

8.4.6　拟丹尼蕨（*Danaeopsis*）

蕨叶大，1～2 次羽状复叶，小羽片长而大，基部下延成耳状，中脉很粗，侧脉自中脉以锐角至边缘，且相互联结成网状（图 8-13）。时代分布：晚三叠世（T_3），距今大约 2.4 亿年。

中脉

侧脉

边缘连结成网状

图 8-13　拟丹尼蕨

8.4.7 脉羊齿 (*Neuropteris*)

羽状复叶，小羽片舌状或镰刀状，基部收缩为心形，全缘，顶钝圆，羽状脉，中脉明显，伸至小羽片全长的 1/2 或 2/3 处消散，侧脉以锐角分出，中脉不达小羽片顶端，常在中途分叉而消失，侧脉多次二分叉（图 8-14）。时代分布：石炭纪密西西比亚纪（原早石炭世）—早二叠世（C_1–P_1），距今大约 3.6 亿～2.7 亿年，主要存在于石炭纪宾夕法尼亚亚纪（原晚石炭世）（C_2）。

图 8-14 脉羊齿小羽片

8.4.8　似银杏（*Ginkgoites*）

　　具长柄，扇形，扇状脉（叶脉均匀地多次二岐式分叉，成扇状展布于叶面）。叶常分裂为 2～8 个小裂片，每个裂片内具有 4～6 条平行脉（图 8-15）。时代分布：早二叠世—新近纪（P_1–N，距今大约 3.0 亿～260 万年），主要存在于侏罗纪—白垩纪（J–K）（距今大约 2.0 亿～6600 万年）。

　　平行脉　　　　　　　　　　　扇状脉
　　　　　　　　　　　　　　　　长柄
　　裂片

图 8-15　似银杏

8.5　思　考　题

（1）绘制植物各纲代表化石并标注基本构造。
（2）详述植物演化的主要阶段及各阶段特点。

拟 丹 尼 蕨

羽片长而大，中脉直且粗，侧脉平行边缘弯，俗名土篦梳。
拟丹尼蕨属，三叠延长组。观音坐莲曾繁盛，当年林木幽。

鳞 木

可是遨游长空的龙身　　　　　　鳞状的木本
可是漫游大海的鱼鳞　　　　　　古生物学家的定名
斑斑点点　　　　　　　　　　　　恰如其分
形态逼真　　　　　　　　　　　　排列规则
你不是有鳞类的皮肤　　　　　　皮面如鳞
你是远古植物的叶痕　　　　　　叶座多样
你是木本蕨类　　　　　　　　　　叶痕如心
乔木状的蕨类啊　　　　　　　　　两侧气道
在热带沼泽形成了森林　　　　　中有束痕……
你是石炭纪重要的成煤原料　　还有
你是素食动物的口粮之屯　　　　还有华夏木啊①
鳞木——　　　　　　　　　　　　新属新种，悦目赏心

---

① 华夏木是李星学于 1963 年所创立，其模式种为不定华夏木（*Cathaysiodendron incertum*）。1945 年，斯行健和李星学共同研究宁夏古生代植物时，将该种归于鳞木属，定名为 *Lepidodendron? incertum*，其重要特点是叶痕与叶座同形，皆为四方形且几乎等大。他们当时就指出，这个种可能代表鳞木植物中的一个新属（何锡麟等，1996）。

9 牙 形 刺

牙形刺（Conodonts），又名牙形石，是一类已经灭绝的海生动物的微小骨骼化石，由于它的外表形态很像鱼的牙齿和蠕虫动物的颚器而得名。牙形刺的分类位置存在争议，一般认为它们是一类浮游或自游的海生食肉动物。牙形刺通常呈分散状态保存，个体较小，一般 0.1～0.5mm，最大的有 7mm 左右。在一些较为罕见的情况下，同一岩层层面上同时存在多个不同形态的牙形刺有规律地成对成行地排列在一起，形成一种组合，称为牙形刺自然集群。牙形刺按形态和生长模式分为单锥型、复合型和台型三种类型。牙形刺于前寒武纪末期（距今大约 5.4亿年）出现，三叠纪末期（距今大约 2.0 亿年）灭绝。这一类群广泛分布于寒武纪到三叠纪由海洋沉积物形成的地层（海相地层）中，是一类重要的微体古生物。部分牙形刺是良好的标准化石，可用来标定全球年代地层界线层型剖面与点位。

9.1 实 习 要 求

（1）了解微体化石的处理和获取方法。
（2）掌握牙形刺的基本构造。
（3）了解牙形刺的研究方法。

9.2 微体化石处理和获取方法（酸泡法）

（1）野外采集微体化石样品（主要为碳酸盐岩）；
（2）实验室内将灰岩样品破碎成 8～10cm 大小的小块，然后将岩样置于 8%～10%的冰醋酸中；
（3）每 3～4 天更换一次酸，每 30 天将不溶解的残渣通过两层不同孔径大小的网筛（80 目和 120 目）过滤，获得含有化石的砂样；
（4）将获得的砂样烘干后，在双目实体显微镜下手工挑选，获得化石标本。

9.3 基 本 构 造

牙形刺按形态和生长模式分为单锥型、复合型和台型三种类型。

9.3.1　单锥型牙形刺形态特征及结构

单锥型牙形刺为牛角状或略弯曲的锥形体，由齿锥（也称主齿）和基部两部分组成（图9-1）。主齿向上收缩为顶尖。从基部到顶尖统称齿锥，齿锥形如牛角或呈弯曲状，依据其顶尖指向和弯曲程度，分为前倾、后倾、直立和反曲四种类型。主齿向上收缩为顶尖，基部与齿锥紧密相连，内有一个大小不一，深浅不同的圆锥形凹穴，称为基腔。基腔深浅变化大，有的深陷，有的有较浅的凹痕。基腔膨胀形成矮锥形（或漏斗形）的杯状空腔，称齿杯。

牙形刺表面光滑或具纵向的纹饰，如较细的线纹和较粗的肋、脊等。

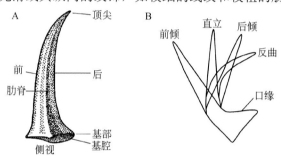

图 9-1　单锥型牙形刺形态特征及结构

A. *Distacodus incurvus*；B. 齿锥的倾斜类型（据 Hass，1962）

9.3.2　复合型牙形刺形态特征及结构

复合型牙形刺由一个较大的主齿和数目不等且较小的细齿组成。细齿生于主齿基部或从基部延伸的齿板/齿耙上。复合型牙形刺依据细齿和齿板的差异，分为片型和耙型。片型牙形刺的细齿生于齿片上（薄而高的齿板），细齿窄而高且大都愈合，主齿与细齿相等或稍大（图9-2）。耙型牙形刺的细齿大小不等，互相分离，生于较厚的齿耙上（图9-3）。齿耙分为前、后齿耙和侧向伸展的侧齿耙。

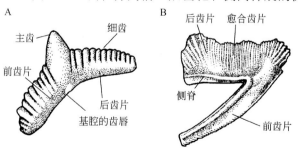

图 9-2　片型牙形刺形态特征及结构

A. *Ozarkodina typica* 侧视；B. *Dinodus fragosus* 侧视（据 Hass，1962）

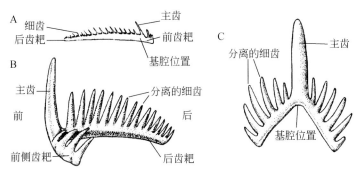

图 9-3　耙型牙形刺形态特征及结构

A. *Hindeodella subtilis* 侧视；B. *Ligonodina pectinata* 侧视；C. *Hibbardella angulata* 前视（据 Hass，1962）

9.3.3　台型牙形刺形态特征及结构

台型牙形刺多呈拱曲或平直的平台状，由一个向前延伸的窄的前齿片和位于中后部宽平的齿台组成（图 9-4、图 9-5）。齿片是纵向贯通齿体近中部直立的薄

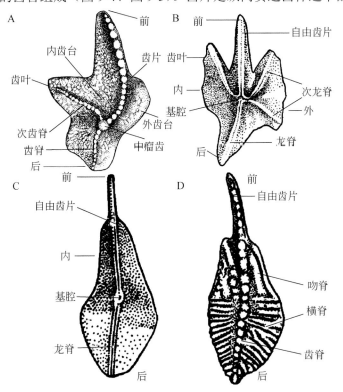

图 9-4　台型牙形刺形态特征及结构

A. *Palmatolepis perlobata*；B. *Ancyrodella* sp.；C，D. *Siphonodella duplicata*（据 Hass，1962）

板状构造。在齿台前端露出或长或短的薄板状齿片，称前齿片或自由齿片。齿片上具有数目不定的细齿，一般均高于齿台面。齿台的上方可见位于中部长轴方向的齿脊（排列成行的瘤或细齿）和齿沟（纵长的凹陷）。齿台表面常见各种纹饰，如横脊（位于齿台两侧，与前后方向近垂直的脊状突起）和瘤齿。台型牙形刺除具基腔外，还可见脊状或肋状的龙脊。齿台两侧边缘多弯曲，分为外齿台（呈弧状外凸，为外侧）和内齿台（内凹，为内侧）。

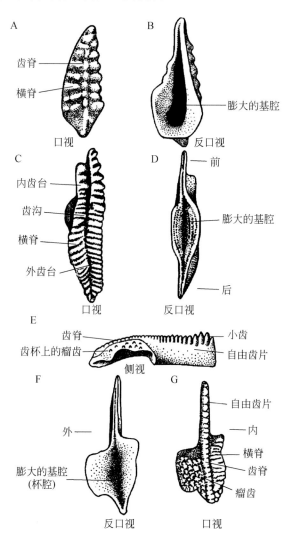

图 9-5　具膨大基腔的台型牙形刺形态特征及结构

A，B. *Icriodus expansus*；C，D. *Cavusgnathus cristata*；E–G. *Gnathodus pustulosus*（据 Hass，1962）

9.4　观 察 内 容

9.4.1　牙形刺的定向

具细齿的一面为口面，与口面相对的具基腔的一面为反口面。

在牙形刺主齿弯曲和明显程度不同时，有不同的确定其前后的方法：①若主齿弯曲，弯曲的凸面为前，凹面为后；②若主齿不弯曲，则依据基腔位置定前后，近基腔的一端为前，远端为后；③若主齿不明显，依据细齿高低定前后，高的一端为前，低的一端为后。

判断内外侧时，将牙形刺的前后连接成一条线，凸面一侧为外侧，凹面一侧为内侧。

以上工作完成后，判定观察方位（口视、反口视、前视、后视及侧视等）。

9.4.2　观察方法

将通过双目实体显微镜挑选出的化石标本（大小约为 0.37～1.09mm）移至电镜座（stub）上，在扫描电子显微镜（SEM）下观察及照相。通过不同的观察方位对牙形刺进行综合观察。

9.4.3　观察要点

牙形刺的定向，判定观察方位，观察牙形刺的形态特征及结构（如主齿、细齿、基腔位置、自由齿片、齿脊、横脊等）。

9.5　实 习 内 容

9.5.1　双脊颚齿牙形刺肋脊亚种（*Gnathodus bilineatus costiformis*）

齿台不对称，外齿台呈三角形，内侧具有一瘤组成的瘤排，被其外侧的三瘤排环绕（图 9-6）。外侧的三瘤排呈肋脊状，瘤之间完全连接成肋。内齿台窄长，由一瘤排组成，中前部最高，向后逐渐低落，不伸达后端，但几乎与齿台等长。产地层位：甘肃礼县鲁班石上石炭统下加岭组（石炭纪宾夕法尼亚亚纪，原晚石炭世，距今大约 3.2 亿年）（据郭俊锋，2003）。

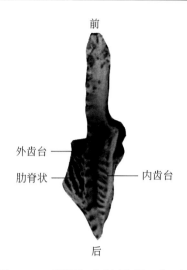

图 9-6 双脊颚齿牙形刺肋脊亚种口视

9.5.2 裸露舟形刺（*Gondolella gymna*）

刺体为前端尖的舌状。主齿强大，位于刺体的后部（图 9-7）。前后齿耙上具多个分离细齿。产地层位：甘肃礼县鲁班石上石炭统下加岭组（石炭纪宾夕法尼亚亚纪，原晚石炭世，距今大约 3.2 亿年）（据郭俊锋，2003）。

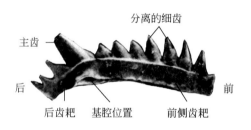

图 9-7 裸露舟形刺侧视

9.5.3 棒形异颚刺（*Idiognathodus claviformis*）

刺体由齿台和前齿片组成，齿台宽大，中前部最宽，两侧较圆，向后明显变尖，齿台前端两侧有较大的齿叶，内齿叶更大，由许多瘤齿组成（图 9-8）。内外齿叶之间可见一明显的凹坑。齿台后部有许多不太连续的横脊。前齿片由许多细齿愈合而成，并向齿台延伸有短的齿脊。产地层位：甘肃礼县鲁班石上石炭统下加岭组（石炭纪宾夕法尼亚亚纪，原晚石炭世，距今大约 3.2 亿年）（据郭俊锋，2003）。

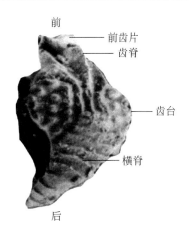

前
前齿片
齿脊
齿台
横脊
后

图 9-8　棒形异颚刺口视

9.5.4　娇柔异颚刺（*Idiognathodus delicatus*）

刺体由齿台和前齿片组成，较直。齿台矛状，中前部最宽，向后变尖，齿台前部中央为齿脊，两侧有许多小瘤齿组成的附叶。齿台前部为相互平行的横脊，并连续过中央。前齿片直，由细齿组成，并向齿台前部延伸成固定齿脊（图 9-9）。产地层位：甘肃礼县鲁班石上石炭统下加岭组（石炭纪宾夕法尼亚亚纪，原晚石炭世，距今大约 3.2 亿年）（据郭俊锋，2003）。

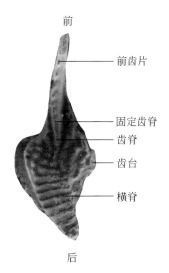

前
前齿片
固定齿脊
齿脊
齿台
横脊
后

图 9-9　娇柔异颚刺口视

9.5.5　弯曲拟异颚刺（*Idiognathoides sinatus*）

齿台长，微弯，拱曲，矛状。前方自由齿片与齿台一边的侧脊相连。齿台具中齿沟及两个齿脊。齿脊向后发育成横脊。在齿台后方可有 1～2 个横脊穿过中齿沟相连（图 9-10）。产地层位：甘肃礼县鲁班石上石炭统下加岭组（石炭纪宾夕法尼亚亚纪，原晚石炭世，距今大约 3.2 亿年）（据郭俊锋，2003）。

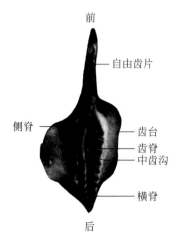

图 9-10　弯曲拟异颚刺口视

9.5.6　曲矛牙形刺（*Lonchodina curvata*）

主齿长而后弯，后齿棒向末端变尖，前齿棒向下并在主齿前方强烈向内扭转。基腔大，位于主齿之下（图 9-11）。产地层位：甘肃礼县鲁班石上石炭统下加岭组（石炭纪宾夕法尼亚亚纪，原晚石炭世，距今大约 3.2 亿年）（据郭俊锋，2003）。

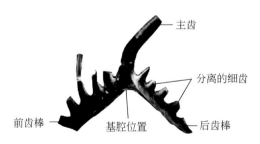

图 9-11　曲矛牙形刺前视

9.5.7　细齿奥泽克刺（*Ozarkodina delicatula*）

刺体片状，薄，细齿的基部厚度最大，微拱曲，略弯，前、后齿片不等，所有的细齿均侧扁，基部愈合，向后倾斜，前齿片宽度大于后齿片。主齿与前齿片构成钝角（图 9-12）。产地层位：甘肃礼县鲁班石上石炭统下加岭组（石炭纪宾夕法尼亚亚纪，原晚石炭世，距今大约 3.2 亿年）、固城下石炭统巴都组（石炭纪密西西比亚纪，原早石炭世，距今大约 3.6 亿年）（据郭俊锋，2003）。

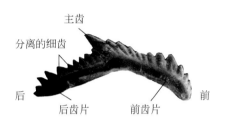

图 9-12　细齿奥泽克刺侧视

9.5.8　欣德奥泽克刺（*Ozarkodina hindei*）

刺体稍上拱并内弯，前、后齿片短，前齿片具三个向后倾、上端分离的细齿。后齿片上也有三个细齿，并且比前齿片细齿小得多。细齿侧扁，前后缘锐利。主齿近中央，特别粗大，不太高，向上变尖，主齿下方有较为开阔的基腔（图 9-13）。产地层位：甘肃礼县鲁班石上石炭统下加岭组（石炭纪宾夕法尼亚亚纪，原晚石炭世，距今大约 3.2 亿年）（据郭俊锋，2003）。

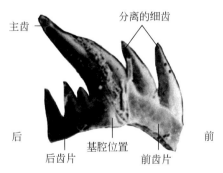

图 9-13　欣德奥泽克刺侧视（标本部分残缺）

9.5.9　蛹状多颚刺（*Polygnathus pupus*）

前齿片极短，约为齿台长度的五分之一。齿台呈蛹状，长约三倍于宽，近于对称发育，近中部最宽，向上拱曲，口面具明显的横脊纹饰，前部近脊沟较明显（图 9-14）。产地层位：甘肃礼县固城下石炭统巴都组（石炭纪密西西比亚纪，原早石炭世，距今大约 3.6 亿年）（据郭俊锋，2003）。

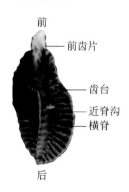

图 9-14　蛹状多颚刺口视

9.5.10　三角假多颚刺羽翼亚种（*Pseudopolygnathus triangulus pinnatus*）

齿台近对称，类三角形。两侧前角向前方伸展，前边缘向后凹，呈翼状。自由齿片由侧方扁的细齿组成，向后延伸为直达后端的固定齿脊。齿台两边分布有粗壮的横脊，横脊不达齿脊，其间具有近脊沟。该近脊沟前部深而宽，后部浅而窄（图 9-15）。产地层位：甘肃礼县固城下石炭统巴都组（石炭纪密西西比亚纪，原早石炭世，距今大约 3.6 亿年）（据郭俊锋，2003）。

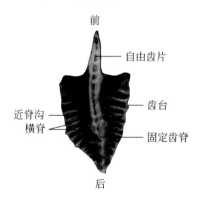

图 9-15　三角假多颚刺羽翼亚种口视

9.5.11　横宽曲颚刺（*Streptognathodus expansus*）

齿台前半部宽，向后变窄，具内、外两个附叶，齿台与附叶之间界线不十分清楚。具两排横脊，横脊长，中沟浅，有时个别横脊越过中沟相互连接，中脊与侧沟都很短（图9-16）。产地层位：甘肃礼县鲁班石上石炭统下加岭组（石炭纪宾夕法尼亚亚纪，原晚石炭世，距今大约3.2亿年）（据郭俊锋，2003）。

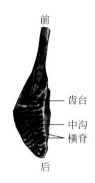

前

齿台

中沟
横脊

后

图 9-16　横宽曲颚刺口视

9.5.12　三角波罗的刺（*Baltoniodus triangularis*）

完整标本由主齿、前齿突、后齿突和侧齿突（齿突是复合型和台型牙形刺中具齿脊或齿片的构造）组成。主齿粗壮、直立，三个齿突都具细齿，且这些细齿大多愈合。前齿突与侧齿突大致等长，伸向前下方，其细齿有向远端增大的趋势（图9-17）。产地层位：湖北黄花场中奥陶统大湾组（中奥陶世，距今大约4.7亿年）（据王志浩等，2011）。

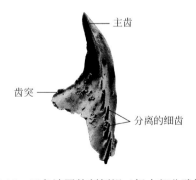

主齿

齿突

分离的细齿

图 9-17　三角波罗的刺侧视（标本部分残缺）

9.6 思 考 题

（1）简述牙形刺的形态特征及结构。

（2）简述牙形刺内部结构及生长方式。

（3）简述牙形刺的主要地史分布。

牙　形　刺

形如牙齿，质地坚硬；
标准化石，对比地层；
形态多样，锥梳耙平^①；
颜色各异，微体、实用……
然而，
他们确实是奇怪的精灵，
分类位置谁也说不清。
蠕虫的颚器？
鱼类的牙齿？
腹足的齿舌？
还是节肢动物的过滤附肢？
甚至藻类的分泌物？

植物的一支？
18 种不同的生物门类^②，
扑朔迷离，莫衷一是……
亿万年前的海洋怪物啊，
让人琢磨不透，
让人怅然若失……
未来的研究者啊，
再找证据，
再去证实，
再去推断假说，
再去苦想冥思……

---

① 牙形刺形态多变，如角锥梳状、耙状、平台状等，颜色各异。
② 这种奇怪的多刺的齿状化石曾被归入到鱼类、环节动物、节肢动物、头足动物、袋虫类、腹毛类、毛颚类、动吻类，甚至植物等 18 种不同的生物门类。

10　遗　迹　化　石

　　遗迹化石（trace fossil）是指保存在岩层中的地质历史时期各类生物生活、活动的遗迹和遗物，如觅食迹、脚印、卵等。遗迹化石大致可分为以下几类：软底沉积物中的动物痕迹（如栖息迹、爬行迹、足迹等）及植物痕迹（如根迹），硬质底层上的生物侵蚀痕迹（如钻孔迹、钻洞迹），动物的排出物（如恐龙蛋、粪便化石），古人类的劳动工具及文化遗迹。遗迹化石最早见于前寒武纪（距今 5.4 亿年之前），并延续至今。遗迹化石均为原地埋藏，因而能够反映生物的生活方式及生态，为古生物学、区域地层对比、古生态学与古环境恢复等提供诸多信息。

10.1　实　习　要　求

　　了解遗迹化石保存特点及分类；通过标本观察掌握典型遗迹化石形态特征；基于不同类型遗迹化石的形态特征，分析其所反映的造迹生物的行为习性。

10.2　实　习　内　容

　　栖息迹（Cubichnia）：动物在松软沉积物上运动时因伺机捕食、暂时隐蔽等事件中断运动或正常休息停留时形成，也叫停息迹。

　　爬行迹（Repichnia）：蠕虫动物或节肢动物在未固结沉积物底层面上利用其运动器官或附肢等爬行留下的痕迹。

　　牧食迹（Pascichnia）：移游泥食生物沿底质表面一边爬行或挖穴，一边进食有机物时形成的密集的具有特定形态的移迹或潜穴。

　　觅食构造（Fodinichnia）：食沉积物（泥）的动物在沉积物内部或表面有规律地觅食而留下的痕迹。

　　居住构造（Domichnia）：主要为食悬浮物的生物建造的永久性居住的潜穴或栖孔。

　　恐龙足迹（Dinosaur footprints）和恐龙蛋（Dinosaur egg）。

10.2.1　皱饰迹（*Rusophycus*）

　　一类栖息迹，为水平分布的较短二叶型遗迹，近卵圆形，宽度约相当于长度的 1/2～1/3，常见两列向前倾斜的抓痕，形成宽 V 字形，中间通常具有深凹中沟

（图 10-1）。时代分布：寒武纪—二叠纪（距今大约 5.4 亿～2.5 亿年）。

抓痕

深凹中沟

2cm

图 10-1　美国纽约志留系皱饰迹（引自 Tarhan et al.，2011）

　　皱饰迹被认为是三叶虫等节肢动物的栖息迹，本来为岩层顶面的凹坑，后被上部沉积物充填，多保存为底面凸起，其轮廓反映造迹生物的腹侧轮廓。皱饰迹与克鲁斯迹的区别在于短二叶型多，横纹与中沟交角大。

10.2.2　克鲁兹迹（*Cruziana*）

　　纵向延伸的二叶型爬行迹，具有近 V 字形或鱼骨状的两排斜脊状抓痕，与中沟之间夹角各异（0°～180°），抓痕常成对或成簇出现（图 10-2）。遗迹整体大多宽 0.8～8cm，长 10～20cm，最长可达 50cm。该类遗迹先形成于下伏岩层顶面，

近V字形

抓痕

10mm

图 10-2　以色列寒武系克鲁兹迹（引自 Landing and Geyer，2020）

为浅的凹痕，后被上覆砂泥充填，保存为岩层底面的凸起。时代分布：寒武纪—
二叠纪（距今大约 5.4 亿～2.5 亿年）。

克鲁兹迹被认为是三叶虫或三叶虫状节肢动物向前爬行时，内肢向内、向后
扒动所形成，形态与皱饰迹相似，区别是克鲁兹迹呈纵向伸长状，而皱饰迹则多
为椭圆形。

10.2.3　蠕形迹（*Helminthoida*）

光滑的蛇曲形通道遗迹；蛇曲密集规则，互相近平行且距离相等；蛇曲极度回
曲，但互不相交，通道宽 1～3mm，长 10cm（图 10-3）。常见于白垩纪—新近纪（距
今大约 1.5 亿年～258 万年）的复理石沉积相，一般认为是蠕虫所形成的牧食迹。

图 10-3　波兰喀尔巴阡山古近系蠕形迹（引自范若颖，2017）

10.2.4　丛藻迹（*Chondrites*）

一类觅食构造，为树枝状分支的潜穴系统，分支粗细一致，且互不相切；垂
直分支潜穴穿过层面，为主潜穴，分支潜穴与层面斜交或与层面近平行，整体呈
倒置的伞状，潜穴直径 0.5～5mm，分支角度基本相同，为 25°～40°（图 10-4）。
古生代至新生代（大约 5.4 亿年前至今）均有分布。

树枝状　　　　　　　　　　　　　　　　　　　　　　　　　　　倒伞形

图 10-4　广西二叠系丛藻迹

10.2.5　石针迹（*Skolithos*）

垂直于岩层层面的直立管状潜穴，不分支，常相互平行，成群出现在砂质沉积物中，直径 2～5mm，长可至 30cm，横切面呈圆形或亚圆形（图 10-5）。生活于古生代至新生代（大约 5.4 亿年前至今）。

图 10-5　广西二叠系垂直砂岩层面的石针迹（箭头所示）

通常认为石针迹是环节动物或帚虫动物的居住构造。常见于滨海潮间带沉积环境，亦可在陆相地层中出现。

10.2.6　海生迹（*Thalassinoides*）

三维展布的复杂潜穴系统，有垂直管与沉积物表面相通，在水平方向呈多枝网格状互相连接。常见 Y 字形或 T 字形分支，分支处略膨胀变粗大（图 10-6）。通常认为海生迹是甲壳动物的居住构造，常见于潮间带滨海环境。分布于寒武纪—现代（大约 5.4 亿年前至今）。

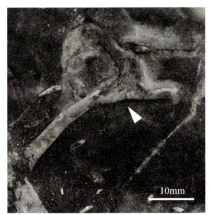

图 10-6　广西二叠系海生迹

10.2.7　子洲足迹（*Zhizhoupus*）

一类恐龙足迹（Dinosaur footprints），为大型的两足行走类型，趾行式（行走只靠趾骨，即用脚趾走路），三趾型（具三个脚趾），趾端具爪，趾垫（在描述脚印化石时，垫是指脚印凸出或下凹的部分）明显，趾垫式为2,3,3 或 4（按内侧向外侧的顺序列举爬行动物每一趾的趾节数），无拇趾印迹，无尾迹（恐龙尾巴的拖痕）（图 10-7）。子洲足迹属在形态上区别于其他肉食类恐龙足迹的主要特征是：①个体大，足长大于 40cm；②趾垫明显，呈长椭圆形；③趾间角度大，II-IV 趾夹角大于 60°。产自陕西子洲县中侏罗统延安组（中侏罗世，距今大约 1.7 亿年）。

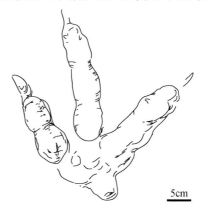

5cm

图 10-7　王氏子洲足迹（*Zhizhoupus wangi*）（引自 Li and Zhang，2017；标本保存于西北大学博物馆）

10.2.8　恐龙蛋（Dinosaur egg）

恐龙蛋化石的形态有圆形、卵圆形、椭圆形、长椭圆形和橄榄形等多种形状（图 10-8，图 10-9）。恐龙蛋化石的大小悬殊，小的与鸭蛋差不多，最小直径不足 10cm，大者长径超过 50cm。蛋壳的外表面光滑或具点线饰纹。中国是世界上恐龙蛋化石埋藏较丰富的国家。

1cm

图 10-8　陕西山阳晚白垩世的圆形蛋（距今大约 1.0 亿年；标本保存于西北大学地质学系陈列室）

图 10-9　西峡巨型长形蛋（*Macroelongatoolithus xixiaensis*）（引自王强等，2010；产自浙江天
台上白垩统赤城山组，距今大约 1.0 亿年）

10.3　思　考　题

（1）遗迹化石与模铸化石（非生物遗体本身所形成的化石，为生物遗体在底质、围岩、填充物中留下的各种印模和铸型）有何不同？

（2）遗迹相（特征的遗迹化石组合代表特定的沉积相或水深带）有哪几种？它们各自反映什么环境？

子洲恐龙足迹

龙尾峁上有龙迹，恐龙在此曾栖息①。
鄂尔多斯大古湖，生物繁盛侏罗纪②。
王君慧眼疑爪印，李子真心解此谜③。
三顾子洲多勘察，一朝撰文传稀奇④。

神木又见恐龙足迹

其一

国庆乘机飞上天，鄂尔多斯一时间。
一行脚印砂岩上，三趾恐龙真悠闲。
亿万年前古湖滨，神木福地龙频现。
地调发现多保护，建设我们好家园。

其二

一路小跑过水滩，留下脚印一条线。
二趾三趾难辨认，一脚踩深一脚浅。
不是田径越野赛，定为捕食搏命战。
有幸穿越白垩纪，冷眼权作壁上观。

其三

小型恐龙不一般，四足爬行步蹒跚。
大小恰如猫和兔，风沙世界度日难。

---

① 龙尾峁位于陕北子洲县电市乡龙尾峁村，这里发现有多种恐龙足迹。

② 这些足迹推测是中生代侏罗纪（距今大约 2.0 亿年）时期的恐龙留下来的，当时这里应该是鄂尔多斯大湖的滨湖地带，生物繁盛，野外除恐龙脚印以外，还可见到植物碎片、虫迹等，应当是电影《侏罗纪公园》中的滨湖景象。

③ 2012 年 6 月，龙尾峁村王军、王峰先生在砌窑洞取石板时发现一些石板上有印痕，怀疑可能是化石，便辗转来到西北大学地质学系请求鉴定，经岳乐平教授初步鉴定，可能是恐龙脚印。地质学系得知此情况后，先后三次派李永项等老师前往进行地质考察并采集地质标本。

④ 三次考察的时间、人员分别是：2012.7.14-15，李永项，赵聚发，赵红卫，董昆，马杰，司机史师傅；2012.8.12-15，李永项，贾桂云（假期，乘火车）；2012.9.7-8，李永项，赵聚发，张睿，李杨璠，司机刘师傅。

参 考 文 献

范若颖. 2017. 深海遗迹化石的定量分类、形态功能与行为生态研究[D]. 武汉: 中国地质大学

郭俊锋. 2003. 甘肃礼县石炭系地层古生物研究[D]. 西安: 长安大学

何锡麟, 梁敦士, 沈树忠. 1996. 中国江西二叠纪植物群研究[M]. 徐州: 中国矿业大学出版社

胡承志. 2001. 巨型山东龙[M]. 北京: 地质出版社

李永项, 李银华, 李智超, 等. 2015. 陕西蓝田地区三趾马化石新材料[J]. 第四纪研究, 35(3): 513-519

刘武, 吴秀杰, 邢松, 等. 2014. 中国古人类化石[M]. 北京: 科学出版社

门凤岐, 赵祥麟. 1984. 古生物学导论[M]. 北京: 地质出版社

邱铸鼎. 1996. 内蒙古通古尔中新世小哺乳动物群[M]. 北京: 科学出版社

邱铸鼎, 李强. 2016. 内蒙古中部新近纪啮齿类动物[M]. 北京: 科学出版社

童金南, 殷鸿福, 卢宗盛, 等. 2007. 古生物学[M]. 北京: 高等教育出版社

童金南, 卢宗盛, 江海水, 等. 2021. 古生物学(第二版)[M]. 北京: 高等教育出版社

王强, 赵资奎, 汪筱林, 等. 2010. 浙江天台晚白垩世巨型长形蛋科一新属及巨型长形蛋科的分类订正[J]. 古生物学报, 49(1): 73-86

王薇. 2009. 河北秦皇岛山羊寨哺乳动物群中的兔科动物化石[D]. 西安: 西北大学

王薇, 张云翔, 李永项, 等. 2010. 河北秦皇岛柳江盆地中更新世野兔一新种[J]. 古脊椎动物学报, 48(1): 63-70

王志浩, 祁玉平, 吴荣昌. 2011. 中国寒武纪和奥陶纪牙形刺[M]. 合肥: 中国科学技术大学出版社

吴新智. 2020. 中国古生物志, 新丁种第13号(总号第201册), 大荔中更新世人类颅骨[M]. 北京: 科学出版社

谢坤, 李永项. 2016. 秦皇岛山羊寨中更新世动物群中的小型仓鼠[J]. 第四纪研究, 36(2): 322-331

张永辂, 刘冠邦, 边立曾, 等. 1988. 古生物学[M]. 北京: 地质出版社

中国科学院古脊椎动物与古人类研究所《中国脊椎动物化石手册》编写组. 1979. 中国脊椎动物化石手册-增订版[M]. 北京: 科学出版社

Bulman O M B. 1970. Graptolithina with sections on Enteropneusta and Pterobranchia. In: Treatise on Invertebrate Paleontology. Part V[M]. 2nd ed. Lawrence, Kansas: Geological Society of America and University of Kansas Press. 158-163

Hass W H. 1962. Conodonts. In: Moore R C ed., Treatise on Invertebrate Paleontology. Part W, Miscellanea[M]. Lawrence, Kansas: Geological Society of America and University of Kansas Press.

W3-W69

Landing E D, Geyer G. 2020. Trace fossils, depositional context, and paleogeography of the upper Tal Group (upper lower Cambrian), Lesser Himalaya, India: a Gondwanan succession with no affinities to the Avalonia microcontinent – discussion of paper by Singh et al. (2019)[J]. Ichnos, 28(2): 143-156

Lehman U, Hillmer G. 1980. Wirbellose Tiere der Vorzeit-Leitfaden zur Systematischen Paläontologie[M]. Stuttgart: Ferdinand Enke Verlag

Li Y X, Zhang Y X, Zheng Y H. 2013. *Erinaceus europaeus* fossils (Erinaceidae, Insectivora) from the Middle Pleistocene cave site of Shanyangzhai, Hebei Province, China[J]. Quaternary International, 286: 75-80

Li Y X, Zhang Y X. 2017. Early Middle Jurassic dinosaur footprints from Zizhou County, Shaanxi, China[J]. Vertebrata Palasiatica, 55(3): 276-288

Li Z C, Li Y X, Zhang Y, et al. 2017. New fossil record of a subspecies of *Bubalus* from the Weihe Area, Shaanxi, China[J]. International Journal of Agriculture and Biology, 19(5): 1207-1212

Mol D, van Essen H. 1991. De Mammoet: Sporen uit de Ijstijd[M]. Hague: BZZTôH

Moore R C, Lalicker C G, Fischer A G. 1952. Invertebrate Fossils[M]. New York: McGraw-Hill Book Company

Shrock R R, Twenhofel W H. 1953. Principles of Invertebrate Paleontology. 2nd edition[M]. New York-London: McGraw-Hill

Tarhan L G, Jensen S, Droser M L. 2011. Furrows and firmgrounds: evidence for predation and implications for Palaeozoic substrate evolution in *Rusophycus* burrows from the Silurian of New York[J]. Lethaia, 45: 329-341

Weidenreich F. 1943. The Skull of *Sinanthropus pekinensis*: a Comparative Study on a Primitive Hominid Skull[M]. Peiping: Geological Survey of China

Xiong W Y. 2019. Basicranial morphology of Late Miocene *Dinocrocuta gigantean* (Carnivora: Hyaenidae) from Fugu, Shaanxi[J]. Vertebrata Palasiatica, 57(4): 274-307

附录 国际年代地层表

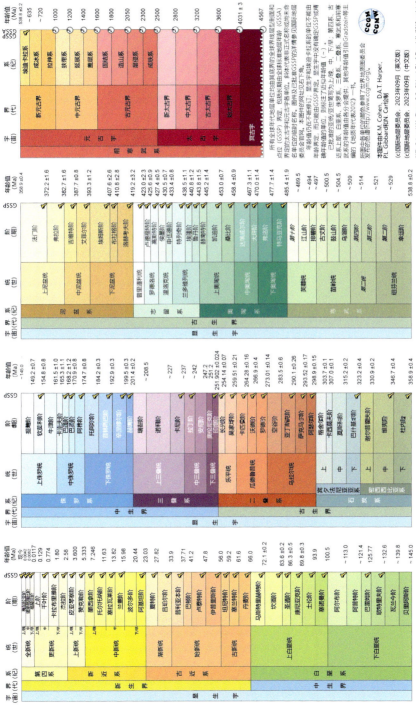

引用: Cohen, K.M., Finney, S.C., Gibbard, P.L. & Fan, J.-X. (2013, updated)
The ICS International Chronostratigraphic Chart. Episodes 36: 199-204.

本图版由K.M. Cohen, D.A.T. Harper,
P.L. Gibbard和J.N. Carr绘制

(c)国际地层委员会 2023年09月 (英文版)
(c)国际地层委员会 2023年09月 (中文版)

本图件网址:
http://www.stratigraphy.org/ICSchart/Chronostrat2023-09Chinese.pdf